“北京高等学校青年英才计划项目”

Beijing Higher Education Young Elite Teacher Project

# 地铁火灾数值模拟技术

闫　宁　著

（著作者所在单位：北京政法职业学院）



中国劳动社会保障出版社

**图书在版编目(CIP)数据**

地铁火灾数值模拟技术/闫宁著. —北京：中国劳动社会保障出版社，2015

ISBN 978-7-5167-1841-4

Ⅰ.①地… Ⅱ.①闫… Ⅲ.①地下铁道-火灾-数值模拟 Ⅳ.①U231

中国版本图书馆CIP数据核字(2015)第102010号

**中国劳动社会保障出版社出版发行**

（北京市惠新东街1号 邮政编码：100029）

*

北京市艺辉印刷有限公司印刷装订 新华书店经销

880毫米×1230毫米 32开本 5.5印张 108千字

2015年5月第1版 2015年5月第1次印刷

**定价：15.00元**

读者服务部电话：(010) 64929211/64921644/84643933

发行部电话：(010) 64961894

出版社网址：http://www.class.com.cn

# 目　录

第一章　绪论 …………………………………… ( 1 )
一、概述 ………………………………………… ( 1 )
二、各国地铁介绍 ……………………………… ( 3 )
三、火灾事故在地铁安全事故中的重要性 …… ( 6 )
四、地铁环控系统的研究进展 ………………… ( 8 )
五、地铁环控系统研究方法及存在的问题 …… ( 13 )
六、数值模拟技术在地铁火灾研究中的应用 … ( 16 )
七、数值模拟技术在地铁领域的研究进展 …… ( 19 )
第二章　地铁火灾火源特性描述 ……………… ( 23 )
一、地铁火灾燃烧特性 ………………………… ( 23 )
1. 地铁火灾特点 ……………………………… ( 23 )
2. 燃烧过程和蔓延形式 ……………………… ( 25 )
3. 地铁火灾的发展过程 ……………………… ( 27 )
4. 地铁站台火灾烟气流动的特点 …………… ( 28 )
二、地铁火灾可燃物及燃烧产物分析 ………… ( 33 )

1. 可燃物分析 …………………………………… （33）
2. 燃烧产物分析 ………………………………… （33）
三、燃烧的模拟方法 ………………………………… （35）
1. 湍流燃烧模拟方法 …………………………… （35）
2. 非预混燃烧模型 ……………………………… （37）
3. 湍流的 PDF 燃烧模型 ………………………… （38）

第三章 地铁火灾场模拟理论基础 ………… （43）

一、地铁火灾场模拟技术原理 ……………………… （43）
二、地铁火灾流场的物理数学模型 ………………… （45）
1. 基本假设 ……………………………………… （45）
2. 基本守恒方程 ………………………………… （46）
3. 标准 $k-\varepsilon$ 两方程模型 ………………………… （47）
4. 定解条件 ……………………………………… （50）
5. 数值计算方法 ………………………………… （54）
三、CFD 软件介绍 …………………………………… （59）
1. 常用 CFD 软件 ……………………………… （59）
2. FLUENT 软件的基本功能及在本模拟中的作用 … （61）
3. FLUENT 的前处理软件 GAMBIT ………… （64）
4. FLUENT 的后处理软件 TECPLOT ………… （65）

第四章 基于 CFD 技术的地铁火灾通风方案优化研究 ………………………… （67）

一、地铁火灾通风系统运行模式概述 ……………… （69）

1. 车站的防排烟系统 …………………… ( 69 )
2. 通风系统运行模式 …………………… ( 69 )
3. 通风系统运行模式实例分析 …………… ( 70 )
二、地铁火灾的火源位置及功率 …………… ( 76 )
1. 火源位置 ………………………………… ( 76 )
2. 火源功率 ………………………………… ( 78 )
三、人员安全疏散判定条件 ………………… ( 79 )
1. 温度条件 ………………………………… ( 79 )
2. 浓度条件 ………………………………… ( 81 )
3. 出入口风向及风速条件 ………………… ( 83 )
四、基于 CFD 技术的地铁站台火灾通风系统优化模式 ………………………………… ( 86 )

第五章 地铁火灾 CFD 数值模拟 ………… ( 88 )

一、数学模型的实验验证 …………………… ( 88 )
1. 实验概述 ………………………………… ( 88 )
2. 实验过程 ………………………………… ( 88 )
3. 实测值与计算机模拟结果的对比分析 ……… ( 90 )
二、数值模拟场景描述 ……………………… ( 94 )
1. 地铁站台的物理模型 …………………… ( 94 )
2. 边界条件与火源参数 …………………… ( 95 )
三、站台中心区域火灾数值模拟 …………… ( 96 )
1. 固定火源功率的计算模拟 ……………… ( 96 )

2. 不同火源功率数值模拟的对比分析 ………… (114)
3. 分析总结 ……………………………………… (124)
4. 通风方案的优化及模拟结果分析 ………… (129)
四、站台列车火灾数值模拟 …………………… (158)

**参考文献** …………………………………………… (169)

# 第一章 绪论

## 一、概述

伴随着世界范围内城市化发展的进程，地下轨道交通在各主要大中城市的客流运输中扮演着越来越重要的角色。地铁交通具有客流输运能力大、准时、快捷的特点，可以有效缓解大城市交通的巨大压力，据统计，我国目前已建有地铁的城市有北京、天津、香港、上海、广州等，在建和规划建设地铁的城市有东莞、无锡、青岛等。至2016年我国将建成总里程共计2 500 km的89条城市轨道交通线路，而在未来30年我国城市轨道交通将进入建设发展的黄金时代。随着城市轨道交通规模的不断扩大，同时由于地铁运行所具有的特点，地铁火灾的防范和应急处理问题也凸显出来。

随着地下交通建设的快速发展，地铁火灾预防作为公共安全的重要内容越来越受到人们的重视，不断发生的重大地铁火灾安全事故给社会造成了巨大的损失。地铁系统与外界连通的出入口少，发生火灾后，烟流和热量不能及时排出，聚集的热量使温度迅速上升。由于地下空间相对封闭和火灾状态下通风能力的限制导致燃烧不充分，一氧化碳、二氧化碳等有毒有害气体的浓度迅速增加。高温烟流的扩散流动不仅加速燃烧的蔓延，降低能见度，而且使疏散和灭火工作变得困难，是地铁火灾导致人员伤亡的主要原因。1987 年 11 月 18 日，伦敦地铁金·克罗斯站发生大火，由于站内设备陈旧，对火灾初期的反应及报警不及时，酿成 31 人死亡、100 多人受伤的惨剧；1995 年 10 月 28 日，阿塞拜疆巴库地铁发生火灾事故，导致 558 名乘客丧生、269 人严重受伤；2003 年 2 月 18 日，韩国大邱市中央路地铁车站因纵火造成火灾，造成 198 人死亡、147 人受伤。据不完全统计，日本在 1961 年至 1975 年共发生地铁火灾 45 起，平均每年 3 起；北京地铁自 1969 年至今就曾发生过 156 起火灾，2004 年 2 月 4 日，正在建设的北京地铁 5 号线张自忠路车站突然发生火灾，所幸没有造成人员伤亡。

与地面建筑相比，地铁系统是在地下通过开挖、修筑而成的建筑空间，它的周围是土壤和岩石，只有内部空间，没有外部空间，不能开设窗户。由于施工困难及造价等原因，与建筑外部相连的通道少，而且宽度、高度较小，由此决定了其火灾特征与地上建筑有着很大的差别，采取的火灾防治对策也应当有所不同。目前，我国对地铁系统建筑设计防火问题没有相应的规范，也缺乏有关的研究资料，特别是那些建成较早的地铁系统，由于历史原因和技术条件，对地铁系统火灾特点和防治技术的研究比较薄弱，随着城市地铁运行规模的不断扩大，应该对地铁火灾的研究给予足够的重视。

由于地铁环境的特殊性，如何确定地下空间区域的流场分布，制定合理的通风、排烟方案，从而为人员的安全疏散创造良好的环境，成为具有重要研究意义的课题。

由于地铁空间的复杂性和系统运行的独特性，人们对地铁站台区域火灾烟气流动规律缺少足够的认识，也缺少相应的实验数据积累。随着计算机技术的飞速发展以及各种模型和算法的不断完善，CFD 数值模拟技术由于具有快速、定量的特点及研究成本的优势而在近些年得到越来越多的应用。

## 二、各国地铁介绍

1863 年 1 月 10 日，英国伦敦开通了第一条地铁线路，它标志着城市地下快速轨道交通的诞生。

世界第一条地下铁道的诞生，为人口密集的大都市发展公共交通积累了宝贵的经验，从此以后，世界上一些著名的大都市相继建造地下铁道。波士顿地铁开通于 1897 年，它是北美最早的地铁。纽约地铁于 1901 年动工修建，

1904 年 1 月正式开通运行。随着纽约城市规模的扩大，城市人口不断增加，地铁建设也在不断地发展。目前，纽约地铁线路总长度约 373 km，其中地下隧道 208 km，共设置车站 468 座，地铁车辆保有总数 6 000 辆以上，年客运总量已突破 17 亿人次。美国的地铁以纽约地铁的规模最大，华盛顿地铁的装修最华丽，芝加哥地铁的自动化程度最高。

首尔地铁于 1974 年开通第一条线路，现共有 19 条线路，长度为 983 km，轨距为 1 435 mm，最小曲线半径为 400 m，最大坡度为 3. 5%，车站数量为 622 座。

莫斯科地铁举世闻名，至今仍是世界三大地铁之一，始终是俄罗斯人民的骄傲。每一个来到莫斯科的外国游客都必定要去地铁参观，就如同到北京不能不去长城一样。莫斯科第一条地铁线路于 1935 年 5 月 15 日开通，长 11. 2 km。它是第一条由国家规划、投资建设的地铁线路，因此从一开始就同城市发展紧密相连，且处处以广大人民的利益为出发点。经过多年的不断建设，目前莫斯科地铁的规模已十分宏伟。打开莫斯科地铁图，可以看到纵横交错的 12 条线路，且以一条环线将其相连，形成了四通八达的地下交通网。其隧道长度达 521. 1 km，道路长度达 703. 7 km，每天运送乘客 900 万人次，承担着全市 56% 的客运量。可以毫不夸张地说，要是没有地铁，莫斯科的交通状况将难以想象。

巴黎是一座建立在地铁上的城市。巴黎地铁诞生于

1900 年 7 月 19 日，经过一个多世纪的发展，如今已拥有纵横交错的 16 条线路，总长 220 km，设有 303 个车站。虽是地铁，但列车也不时从地下钻出地面，在高架桥上行驶。巴黎地铁是工薪阶层和游客最理想的交通工具，它为缓解市内的交通发挥了重要作用。据统计，巴黎地铁日客运量近 421 万人次。巴黎的地铁布局合理。在市区，每平方千米至少有 3 个地铁站，人们无论住在市区的哪个位置，出门只需步行 10～15 min，都可以找到标有 M 字样的地铁站。

日本地铁着重开发主要车站及其邻近的公众聚集场所，这些场所能促进地下商业中心的建设，而且与地下车站连成一片，使地铁这一公益性基础设施获得了新的活力，取得了较好的经济效益和社会效益。

新加坡地铁的特点是舒适、网络化。新加坡地铁又称“大众捷运系统”，始建于 1988 年。目前地铁线路总长约 128.6 km，有 109 个车站，东西及南北纵横两条主干线将机场、码头、商业中心和居民聚居的新城镇连接起来。

我国地铁发展起步较晚，1969 年 10 月北京地铁建成通车，标志着我国第一条地铁的诞生，到 2014 年，我国共有 25 个城市开通了地铁，分别是北京、上海、天津、重庆、香港、台北、高雄、广州、深圳、佛山、南京、苏州、无锡、杭州、宁波、沈阳、大连、武汉、成都、长沙、郑州、哈尔滨、昆明、西安、长春。而如果算上正在建设地铁的城市，这将是一个更为庞大的数字。

随着北京地铁10号线、9号线、8号线、6号线的开通，北京地铁正式进入网络化运营阶段，同时，上海、广州、南京等城市的轨道交通也相继进入网络化运营管理时代，总长561 km的北京地铁网络将实现“三环、四横、五纵、七放射”的城市轨道交通网络，如图1—1所示为2015年北京地铁网络。

## 三、火灾事故在地铁安全事故中的重要性

地铁系统由许多环节组成，因此地铁事故也由若干因素组成，如电路起火、列车脱轨、拥挤踩踏等。任何环节发生故障，都有可能造成地铁事故的发生。据统计，在这些事故中，人为纵火或恐怖袭击发生的次数最多，列车火灾事故其次，不同种类地铁事故发生次数占所有事故百分比如图1—2所示。另外，地铁是一个相对封闭的场所，并且作为城市交通的重要工具，每天的人流量很大，一旦发生事故，极易造成群死群伤，不同种类地铁事故造成死亡人数情况对比如图1—3所示。

通过图1—2可以看出，人为纵火或恐怖袭击和列车火灾事故发生的频率最高，共占事故发生频率的68%，是其他几类事故发生频率总和的两倍还多。可见，火灾事故应该引起人们足够的重视。

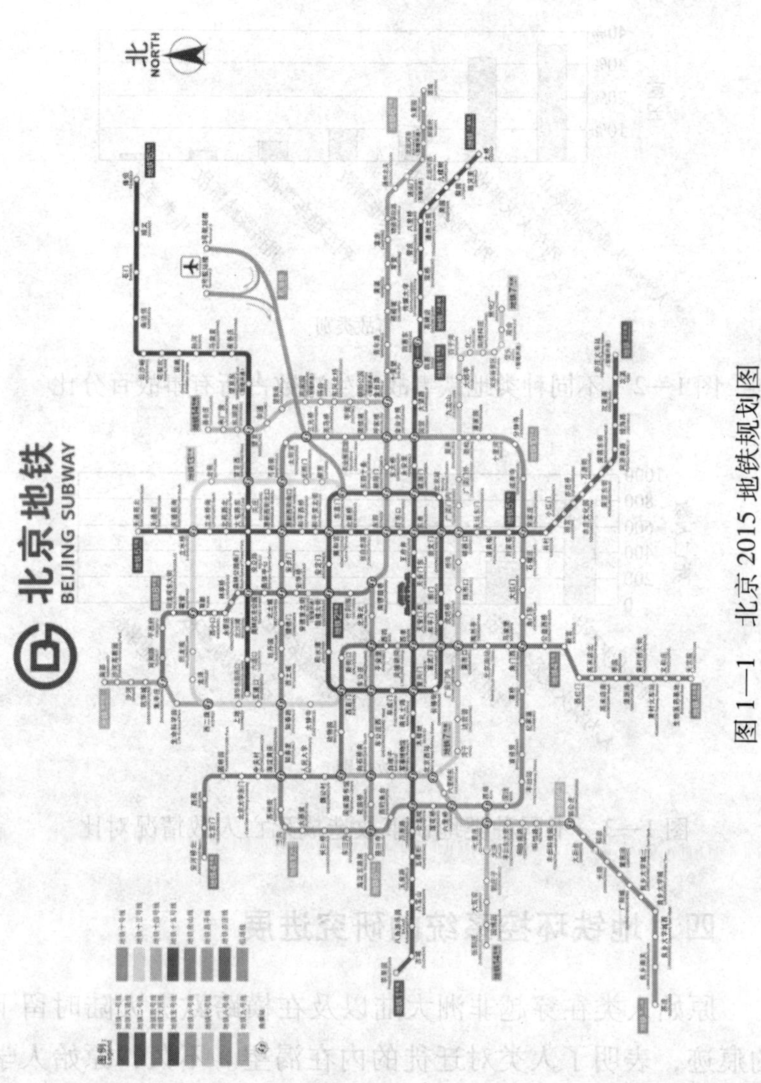


图 1—1 北京 2015 地铁规划图

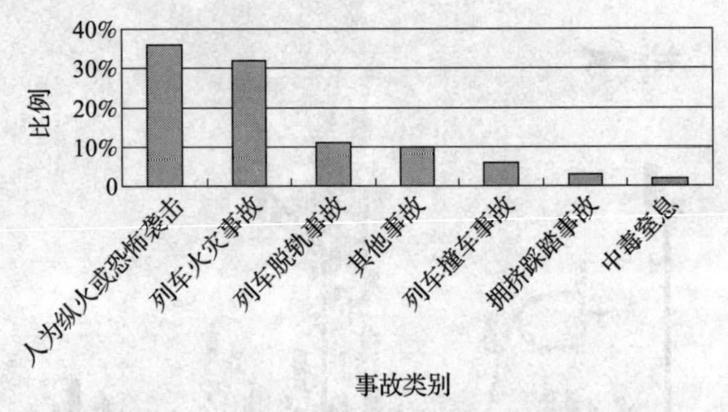


图 1—2　不同种类地铁事故发生次数占所有事故百分比

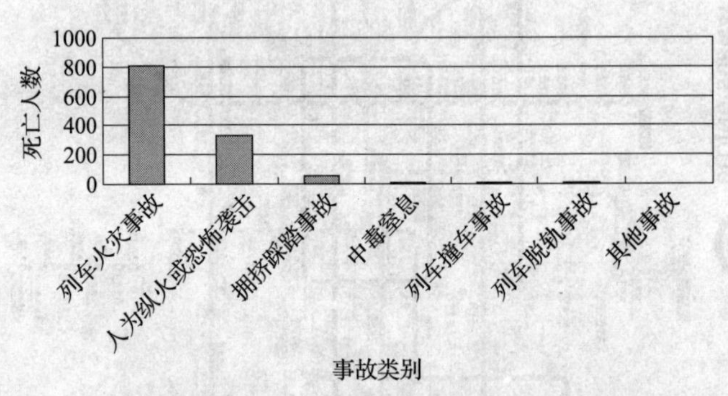


图 1—3　不同种类地铁事故造成死亡人数情况对比

## 四、地铁环控系统的研究进展

原始人类在穿越非洲大陆以及在横跨欧洲大陆时留下的痕迹，表明了人类对迁徙的内在渴望。不久，原始人学会了在雪橇上运送重物。公元前 4000 年，美索不达米亚地区的居民发明了车轮，随后出现两轮马车。早期的车轮很宽，以便运送重物，人们不久便认识到有必要做出一种坚固、光滑的表面，使之有利于运输。随着货运量的增加，人们又转向了四轮车，并且修建的道路也更直、更好，能通到更远的地方。最终，这种道路的发展导致了铁路在英国的出现。

世界上第一条地铁“大都会号”的通风由表面是格栅的通风孔送风，给乘客以舒适的感觉。几年后，中部伦敦地铁公司安装了名为“臭氧发生器”（空气净化器）的装置。它能将新鲜的空气吸入车站内，但这种装置在空气中加入的臭氧量过多，气味很难闻，所以不久以后这种装置也被废弃了。

在伦敦进行的一些尝试还包括将隧道中的空气用功率强大的风扇从特别设计的风管中排出去，新鲜空气经车站入口、楼梯间和通风竖井引入。另外，还将隧道内的列车作为一种主要的通风方式，为增加这种“活塞效应”的通风作用，新鲜空气在进入车站月台之前，先经过设在阶梯形竖井和特殊井口中的通风通道。

电力机车引入时又遇到了新的问题。由于电力机车的功率很大，放出的热量更多，新鲜空气在被强制引入车站月台的同时，也要被强制送入隧道内，以防止由于这种大功率发动机而造成温度升高。散热量增加的同时，由于客运量的增大，伦敦地铁内形成了一种难以忍受的窒息状态。

Hugh B. Wilson，一位来自美国密歇根州的人，深深地被地铁的优点所吸引，他参加了1863年“大都会号”的揭幕仪式，并决心为纽约市也修建类似的地下交通系统。遗憾的是他的提议没有被纽约市议会接受，提案被搁置在一边。但是，Wilson提出了第一份在早期地铁设计中有关环境考虑的设想，该方案包括一个由美国工程师A. P. Robinson提出的地铁换气的问题。Robinson设想由设在街道两旁的煤气灯灯柱中间的管子通风，这些灯柱之间间隔约为30.5 m（100 ft），耸立在地铁通过的街道两旁。这样，又过了很多年，Wilson的计划才真正得以付诸实施。当纽约地铁于1901年动工修建时，对于隧道和车站的强制通风并未给予特别的考虑。设计人员认为人行道上的格栅通风口和列车在隧道中运行所产生的活塞风就能提供足够的通风空气。

1904年10月，纽约的第一条地铁开通运行。但是开通不到一年，由于地面通风口不足而引起的地铁内温度过高的问题变得严重起来。为增加通气量，车站的顶部设置了更多的通风口，车站之间还修建了风机室和通风管。

在通常情况下，地铁的通风问题几乎完全是依靠列车的“活塞效应”来解决的，排气扇只在紧急情况下才打开。建成于1943年的芝加哥地铁及1954年开通的加拿大多伦多地铁早期都是采用“活塞效应”来通风的。采用这种方法，早期芝加哥车站的温度保持在4～22℃之间，相对湿度为40%～80%。芝加哥地区平均气温是10℃，一年内气温在－27～37℃之间变化，相对湿度为20%～98%。

总之，早期的地铁环境控制都仅限于自然通风（活塞效应），或者在后期改造中以安装机械式强制通风设备作为最终解决措施。尽管自然通风好像能够保持一定的车站、隧道热环境，但是，活塞效应被利用的程度与早期地铁运行情况、土建结构有密切的关系。客流量小，隧道阻塞比大，机车功率小，散热量少，轨道以单线、单洞居多等，这些因素造成了地铁内部比较大的活塞风量，较小的热、湿负荷，因此，采用自然通风有时大致能够满足需要。但是也有例外，美国的克利夫兰地铁的阻塞比只有0.22，列车前方所推动的空气柱几乎是可以忽略的，站台的任何部分都不存在可以起到通风作用的空气流动。因此，它的通风是依靠安置于距站台约200 m处的一台轴流风机来解决的。

人口的增长和世界各主要城市交通的日益拥挤，要求地铁系统以更快的速度发展，主要表现在车速的提高，同向行驶列车之间距离的缩短，能够提供更大的客运量，而机车的功率和速度的增加呈正比平方关系，除非采用能量循环装置；否则，这些能量都将转化为热能排放到地铁中。这种情况造成了地铁所产生的热量大量增加，使得地铁空气和周围四壁的温度都迅速上升。同时，双线、多线轨道日益增多，隧道阻塞比变小，活塞风量减小，其作为自然通风的价值也就减小。另外，人们对地下环境舒适程度的要求越来越高。因此，现代新建地铁都采用机械通风系统，同时考虑活塞效应的影响。对于新建的采用空调的车站，预留空调系统的空间，满足地铁系统长期发展的需要。

在闭式系统中，由于列车的活塞作用，使车站空调区受到隧道热空气的影响，增大了空调负荷，降低了空调效果，若活塞风过大，还会使车站上的乘客感觉不舒适。可采用屏蔽门和空气幕将车和隧道隔离。

屏蔽门是一道修建在站台边沿的带门的透明屏障，屏蔽门上各扇门之间的间隔距离与列车上的车门距相对应，看上去就像是一排电梯的门。列车到站时，列车车门正好对着屏蔽门上的小门，乘客可自由上下列车，关上屏蔽门后，所形成的一道隔墙可有效阻止隧道内热流、气压波动和灰尘等进入车站，有效地减少了空调负荷，为车站创造了较为舒适的环境。但屏蔽门的初投资费用较高，对列车停靠位置和可靠性要求很高，若客流密度较大，车门口可能出现拥挤，且难以解决长时间隧道内温度超标问题。

空气幕沿车站站台方向布置，由空气射流形成的空气帘将隧道和车站隔离，减少空调负荷，并且造价比屏蔽门低，同时避免了屏蔽门出现故障的危险性，但其隔离效果不如屏蔽门，并且当列车活塞风运动或机械通风引起的空气速度超过空气幕的流速时，隔离效果将会下降，甚至破坏空气帘。

## 五、地铁环控系统研究方法及存在的问题

地铁作为缓解现代城市交通紧张的有效工具，在世界上许多大城市得到广泛应用。但是随着城市地铁的迅速发展，地铁环境控制问题也越来越引起人们的关注，20世纪30年代末以前，大多数地铁都没有考虑环境控制问题，使得车站通道和站台上风速很高，乘客有不适感；随着人口增长，迫使地铁系统以更快的速度发展，提高车速，增加车流密度，增大客运量，这就造成地铁产生的热量大幅增加，使已经投入运营的地铁系统出现温度逐年上升现象，乘客难以忍受。

地铁是一个大型狭长的地下空间，除各站出入口和通风口与大气连通外，可以认为地下铁道基本上是与大气隔绝的。地铁在建成投入运营的初期冬暖夏凉，但随着地铁客流量和行车密度的增加，地下水位下降，区间隧道壁面的吸热作用逐年减退，加上设备的运转及连续的照明等原因，使地下空间产生大量的热量及有害气体，造成地下空间的温度逐渐升高，如不采取相应的措施，将导致环境不断恶化，这是地铁营建和空调系统设计面临的地铁系统热环境问题。因此，在兴建城市地铁初期就必须考虑其相关因素，设计一个合理的地下环控系统，这对保证地铁正常运营、控制洞体温升、为乘客提供适宜的乘车环境是非常重要的。地下铁道作为现代化交通

运输系统，内部具有一定数量的设备用房及管理和生活用房。这些用房也应设置有效的通风及空调系统，创造舒适的环境，这种系统称为局部通风及空调系统。这些通风及空调系统的设计是关系到近期、远期及将来地铁环境状况的大事。根据国外一些地区地铁运营中的经验教训，由于初期通风设计考虑不周，导致运营一段时间后地铁热环境无法忍受，停运改造的情况屡见不鲜。停运改造首先遇到的问题就是增加地下设备用房空间和面积，即对既有地下结构的改造。地下结构不同于地面结构，对它进行扩建和改建是非常麻烦的。它关系到既有结构的凿除、新老结构的连接、对周围环境的影响以及对地下水的防水处理等一系列问题。因此，地铁环控系统设计必须从发展的角度来考虑，将其地下空间充分预留并考虑到各种有关因素。

地铁环控系统主要是指地铁的通风及空调系统。一般所指的地铁通风及空调系统，主要用于解决包括车站、区间隧道、折返线、尽端线等的通风及空调问题。该系统的研究主要包括理论研究和实验研究。实验研究分为实测实验和模型实验。对于地铁环控设计会有多种可选方案，若对每种方案都进行实验，将耗费大量的人力、物力，而模拟实验又难以完全模拟复杂的运行过程。因此，地铁环控的研究普遍采用 CFD 数值计算的方法。地铁环控设计必须从实际出发，从经济和环控效果两方面综合考虑，通过实测确定已运营地铁的环控效果并指导如何改进，以及通过模型实验进行方案优选并校核数值计算的准确性，而数值计算对确定合理的环控设计和地铁运行安排有着重要的指导作用。

地铁火灾属于紧急状况下的环境控制，对于地铁火灾的研究手段主要有三种：一是实体实验研究；二是缩尺实验研究；三是计算机模拟研究。对于火灾研究来说，实体实验研究是最理想、最有说服力的。但是，它有以下许多难以克服的缺点：①实验费用昂贵。首先，要想进行实体实验就必须建立实体实验建筑，这是一笔相当大的投资，对于地铁这种大型建筑几乎是不可能的。其次，若采用实际火源，每次实验的费用也是相当可观的。②模拟工况有限。③实验的可重复性较差。由于影响火灾发展过程的因素很多，有些因素难以精确再现。

缩尺实验具有真实直观、便于分析、资金消耗小和不污染环境等优点，目前在火灾的研究工作中有着极强的生命力。

计算机模拟是人们对于火灾认识过程的一个质的飞跃，它以数学物理模型为基础，具有信息代价少、模拟工况灵活、可重复性强等优点，并且随着计算机技术的不断发展会成为未来研究火灾问题的主要手段。但它目前受到以下条件的制约，使得其模拟准确程度还不能令人完全满意：①对于一些基本的物理现象（如湍流）尚未有明晰的数学认识；②为获得封闭方程所做的大量假设与实际情况有出入；③求解偏微分方程的计算量大，求解时间长，求解的稳定性差。

## 六、数值模拟技术在地铁火灾研究中的应用

火灾的发生和发展规律具有随机性和确定性的双重特点。火灾的随机性规律用火灾统计分析的方式进行研究，通过总结、整理和分析大量的火灾原始资料，归纳出火灾发生的统计性规律。火灾的确定性规律则可采用工程科学的研究方法进行，有理论分析和模拟研究两种方法，而模拟研究又包括实验模拟和计算机模拟。

理论分析方法是根据自然科学基本原理对火灾现象进行分析，进而总结出某一火灾现象和过程的基本规律。理论分析方法是一种重要的基本研究方法，是实验研究和计算机模拟的基础。模拟研究是指在某种近似条件下进行的研究，包括计算机模拟和实验模拟。实验模拟研究是一种较为直接、可靠的途径，包括实体实验、小尺度实验和变介质实验。实体实验是火灾科学研究最可靠的实验研究手段，其效果最为接近实际情况，但投资大、周期长，人力、物力消耗较多，有些实体实验实际上很难进行。小尺度实验投入相对较少，为较全面地研究火灾规律提供了可能的条件，这种方法已成为目前采用比较多的实验手段，并取得了研究成果。但对于高温流体，小尺度模型研究与实体实验相比，要实现完全相似十分困难，即两系统描述同一物理现象的所有相似准则不可能全部相等，选择不同的相似准则会有不同的模拟结果，这些对模拟结果的准确

性都会有一定影响。另一种方便可行的实验方法是采用变介质模拟，如用盐水实验来研究建筑物内烟气的运动规律等，但它除带有小尺度模拟的缺点外，还存在介质性质不同带来的误差。

与实验研究相比，计算机模拟技术具有成本低、速度快、资料完备、有模拟真实条件和理想条件的能力等优点。计算机数值模拟技术也有其缺点或限制，理论计算是在数学模型的基础上进行的，因此，所用数学模型的适用程度限制了模拟的效能。对于一些几何形状复杂、非线性强、流体物性变化大的困难问题，数值解可能很难获得。

计算机模拟与实验模拟有各自的优缺点，因此计算机模拟与实验模拟方法是相互补充的。采用计算机模型进行火灾研究，需要很多基本的数据作为输入条件，有些数据则需要从火灾实验中获得，如建筑材料或燃料的属性、燃烧速度、释烟率和毒性等；同时，计算机模拟得出的结论是否正确，与实际情况的误差多大，也需要用火灾实验模拟数据加以检验。另外，可以利用计算机模拟进行实验模拟的预先设计，确定更科学、合理的实验方案，以达到提高实验效率、节省时间和节约资金的目的。

地铁火灾环境的数值模拟主要研究地铁空间内不稳定气体动力学和热力学，利用流体力学、热力学及传热学等基本方程建立数学模型，并应用计算机技术对地铁环境内火灾状态下风流和烟流的运动规律进行动态模拟研究。根据研究区域内控制体的不同，计算机数值模拟方法可以分为网络模拟、区域模拟和场模拟三种，其特点及应用领域见表1—1。

**表1—1　各种计算机模拟方法的特点及应用领域**

| 模拟方法 | 特点 | 应用领域 |
| --- | --- | --- |
| 网络模拟 | 模型简单，对计算机处理能力要求低，可以进行粗略的全风网模拟 | 矿山开采、地下隧道交通的通风设计及火灾烟流模拟 |
| 区域模拟 | 把研究区域划分为不同的冷热层，通过羽流进行能量和物质交换，计算需求时间较短 | 地面普通建筑、大空间建筑火灾烟流模拟 |
| 场模拟 | 微元控制体分割研究区域，可计算所有控制体的相关参数，对计算机处理能力要求高 | 航空航天、流体机械设计，近火源区域流体流动规律研究 |

地铁车站属地下大空间建筑，发生火灾时烟流变化非常剧烈，火场区域是非均匀状态，因此对其不适合用网络模拟。地铁车站属于地下建筑，发生火灾后只能靠风机来控制烟流走势，一旦火势强大，通风也会随之增强，这样区域模拟将会出现很大的误差，甚至失真。火灾计算机模拟技术是对实际火灾现象的描述，要求火灾模型尽量接近

真实情况；另外，地铁车站属于大空间地下建筑，为了更紧密地联系实际，选择三维场模拟火灾模型是完全可行的。

## 七、数值模拟技术在地铁领域的研究进展

近些年来，随着CFD计算技术的发展，许多工程领域都开始利用它作为评价、优化设计的手段，并取得了很大的成功。在隧道、地下铁路的通风工程当中，CFD也有许多卓有成效的应用实例。例如，"Analyzing a transit subway station during fire emergency using computational fluid dynamics""CFD modeling considerations for train fires in underground subway stations"和"Numerical simulation of subway station fires and ventilation"等。

随着地铁环境模拟研究的不断深入及计算机的飞速发展，地铁环控数值模拟得以引入地铁的环境中。科学家对地铁内不稳定气体动力学和热动力学进行了大量深入的研究。在1973年举行的第一次气体动力学和隧道通风国际会议上，上述问题已经得到了广泛关注。随着地铁气体动力学和热动力学研究的不断完善，计算软件也得到了发展。例如，日本的吉日治典利用反应系数法进行地铁热状况计算；J. Valensi等对地铁隧道内活塞作用对气流的影响做过大量的理论和实验研究。对于地铁系统火灾的研究，过去大多集中于地铁隧道的紧急通风，日本、法国、俄罗斯等国铁路部门在火灾事故调查、火

灾实验、列车和隧道防灭火技术及发生火灾时的旅客安全疏散等方面做了大量的工作。但关于地铁车站发生火灾时车站气流场和温度场的 CFD 模拟很少。ICF Kaiser Engineers 公司首次利用 CFD 模拟软件（CFX）对地铁火灾及通风进行了模拟与分析，在 CFD 技术应用于地铁火灾与通风工程领域开展了研究工作。美国的 G. Danko 等利用分析解将温度变成阶梯近似，对具有移动热源的隧道壁面的温度、湿度进行了分析研究。香港的 W. K. Chow 用场模型求解 $k—\varepsilon$ 方程，并用 phonemics 程序对火灾烟气与紧急通风进行三维模拟。

火灾科学一定程度上来说是一门实验科学，准确的模拟预测更需要准确地设置 CFD 计算的边界条件，所以，对于实际的地铁通风状况进行研究离不开全面的现场测试。自从地铁诞生以来，测试工作几乎一直没有停止过，获得了许多很有价值的数据。关于地铁站台的通风状况，也有一些科研人员通过建立站台的微观模型进行过相关研究，如“Investigation of Piston - effect and jet fan - effect in model vehicle tunnels”等。对于地铁系统的气流场及温度场的科学研究，现场测试是十分必要的，如果能够建立合适的微观模型，进行通风实验，会更有助于通风的研究。

国内一直活跃在地铁模拟领域的高等院校有清华大学、西南交通大学、中国科技大学、天津大学等，他们很早就开展了与地铁环境控制相关的研究。清华大学自主开发了水平较高的地铁环境模拟 CFD 软件 STACH—3，对深圳地铁、天津地铁的环控系统都做过很深入的研究，他们曾经利用 STACH—3 对天津地铁既有线站台的气流组织做过模拟。

虽然目前数值模拟技术在地铁领域广泛应用，但仍存在以下问题：

**1. 现有地铁火灾通风模式的确定缺乏技术支持**

地铁站台发生火灾后高温烟气流动规律及流场参数分布对如何制定应急通风方案和有效组织人员疏散有重要意义，但由于受到实验条件和理论工具的制约，不可能通过大量的实验进行不同火源条件和不同通风工况条件下的流场特性研究，现有通风方案大都凭经验确定，缺乏技术支持。

**2. 基于 CFD 技术的地铁火灾通风模式优化的研究存在不足**

地铁火灾通风模式优化对分析地铁火灾流场参数分布及人员安全疏散具有重要意义，数值模拟技术在通过实验验证和理论分析的基础上，对实验条件不足提供了更为灵活的分析手段，可是到目前，基于 CFD 技术对地铁火灾通风模式的评价和优化方面的研究才刚刚起步，国内外关于这个方向的研究非常有限，因此，该项研究将是今后地铁火灾模拟研究的主要内容之一。

**3. 人员安全疏散条件模糊不清**

地铁发生火灾时流场分布状况是应急救灾中调整通风

排烟模式的依据，是保证人员安全疏散的重要条件，但是流场参数在温度、烟气浓度、风流方向和速度条件方面要满足怎样的条件，目前地铁安全规程没有制定明确的要求，相关的研究工作也很少。

# 第二章 地铁火灾火源特性描述

## 一、地铁火灾燃烧特性

### 1. 地铁火灾特点

地铁与地面建筑或其他地下建筑相比有其特殊性，地铁本身是一个相对独立的系统，与外界的联系只有车站的出入口，相对封闭，地铁的建筑、设备和运营生产处于地下，而且站台和车厢内人员密集，由于地铁自身的环境特点，地铁中发生火灾将比地面建筑物中发生火灾更具有危险性。

地铁中发生火灾的主要特点概括如下：

(1) 经济损失大，人员伤亡多

地铁客流量大，人员集中，地铁隧道出入口少，相对封闭，通道狭窄，疏散距离长，一旦发生火灾极易造成群死群伤。

（2）火灾蔓延快

由于地铁隧道的管道、风道及通道与地面大气相通，一旦发生火灾，这些部位将成为火灾蔓延的主要途径。另外，由于隧道空间是狭长的，这也将加速火灾的蔓延。如果在发生火灾时未能及时控制通风设备，则会加快火灾蔓延速度。

（3）浓烟积聚不散

据统计，地下铁道发生火灾时造成的人员伤亡绝大多数是由于烟雾中的有毒气体所致。发生火灾时可燃物的发烟量很大，而地铁的进风和排风只靠少量的风口，机械通风系统发生故障时很难依靠自然通风补救，烟雾的控制和排除都比较复杂。

（4）温度上升快，峰值高

由于地铁建筑物是一个相对封闭的空间，发生火灾以后，大量的热量积聚无法散去，空间温度升高很快，火势猛烈阶段温度可达到 1 000℃以上。

（5）人员疏散难度大

人员从地铁内部到地面开阔空间的疏散和避难都要有一个上行的过程，比下行要耗费体力，从而影响疏散速度。同时，自下而上的疏散路线与内部烟和热气流自然流动的方向一致，因而隧道口既是乘客的逃生出口，也是喷烟口，可能会冒出含有大量有毒有害物质的黑热浓烟。另外，地铁里人员复杂，一旦发生火灾，容易发生恐慌和行动混乱；再加上地铁区间隧道出入口少，通道狭窄，疏散距离长，人员多，故极易发生挤踩事故。

（6）救援难度大

由于位于地下封闭空间内，地铁火灾产生的浓烟、停电将造成车站内能见度极低，使救援人员无法迅速确定并接近起火点；同时，由于地下通信困难，地面灭火指挥人员又很难准确、及时地了解火场内情况，故难以实施及时、有效的指挥。车站内的通道狭窄，灭火工作面和救援途径单一、受限，扑救和撤离的路线容易与人员疏散路线、烟气流动路线交叉。由于无建筑外立面，故地面建筑常用的大型灭火设备无法使用，也难以采用破拆等手段阻止火势扩大，可用灭火剂也比地面建筑少，这些原因均导致地铁火灾的救援工作难度要远大于地面建筑火灾。

**2. 燃烧过程和蔓延形式**

绝大多数火灾事故是在大气条件下发生的，而地铁及其车站建筑材料多由固体组成，对于通常的可燃固体火灾，可大体分成以下几个主要的阶段：

（1）火灾初期增长阶段

刚起火时，火区的大小与受限空间的大小相比很小，空气的供应不成问题，其燃烧状况主要由可燃物的性质决定，称为燃料控制阶段。如果没有外来干预（如喷淋等），不久火区的规模便开始增大，直到燃烧区域的体积对火灾燃烧发生明显影响的阶段，此时通风状况对火源燃烧有很大影响，称为通风控制阶段。在这一阶段中，空间平均温度还比较低，因为总的释热速率不高，不过在火焰和着火物体附近存在局部高温。初期火灾的持续时间，即火灾轰燃前的时间，对建筑物内人员的疏散、重要物资的抢救及火灾扑救都具有重要的意义。如果通风足够好，火区将继续增大，直至所有可燃物都着火燃烧，火焰基本上充满整个区域，即进入轰燃阶段。

（2）轰燃

一般把火灾由初期转变为全面燃烧的瞬间称为轰燃。轰燃是火灾发展过程中的特有现象，是指火灾区域内的局部燃烧向全局性火灾过渡的现象。轰燃的出现是燃烧释放的热量大量积累的结果，标志着火灾由初期增长阶段转到充分发展阶段。火灾分区内的平均温度急剧上升。影响轰燃的因素除了建筑物及其容纳物品的燃烧性能、起火点位置外，还有内装修材料的厚度、开口条件、环境条件等。与火灾的其他主要阶段相比，轰燃所占时间是比较短暂的。

（3）火灾充分发展阶段

火灾燃烧进入充分发展阶段后，燃烧强度仍在增加，释热速率逐渐达到某一最大值，这时，区域温度经常会升到800℃以上。因而严重损坏空间内的设备及建筑物本身的结构，破坏力很强，甚至造成建筑物的部分毁坏或全部倒塌。而且高温火焰和烟气还会携带相当多的可燃组分，可能将火势扩展到邻近建筑物中。此时尚未逃出的人员是极难生还的。

（4）火灾减弱阶段

火灾减弱阶段是火区逐渐冷却的阶段。一般认为，此阶段是从区域平均温度降到其峰值的80%左右时开始的。这是可燃物挥发大量消耗致使燃烧速率减小的结果，最终导致明火燃烧无法维持，火焰熄灭，可燃固体变为炽热的焦炭。在这一阶段虽然火焰燃烧停止，但火场的余热还能维持一段时间的高温，并且在焦炭附近还会存在相当高的局部温度。所以，在供氧充足的情况下还有可能产生回燃现象。一般情况下火灾减弱阶段温度下降是比较慢的。

**3. 地铁火灾的发展过程**

地铁火灾由列车内或列车外的火源（或热源）开始，接触到可燃材料就会形成火灾，按照火源位置分，地铁火灾可分为列车着火和站台着火两种。根据上面介绍的火灾发展情况，地铁火灾同样可以分为这样四个阶段。许多火灾会由于列车结构的耐火性而停止蔓延，或是由车站人员、列车人员或消防部门在火灾初期增长阶段被扑灭。大多数的地铁火灾可以分为两个明显的阶段，即轰燃前的阶段（这一阶段火势相对较小，产生的热量也较少）和轰燃后的阶段（这一阶段火势大面积蔓延，产生大量的热）。大多数地铁列车着火都是从列车外部开始的，如电缆、设备、导线、发动机和驱动器所在的位置。这些可燃材料通常位于底板下，列车的底板通常由胶合板芯制成，两侧焊接金属薄板，金属包层可以增强底板的强度和耐火性。列车规范一般都给出了底板的耐火程度，这决定了底板的选择及所有缝隙的密封材料和要求。尽管有这些谨慎的措施，一些发生在列车下部的火灾也能够蔓延到列车内部。火灾穿过底板后会蔓延到列车内部，但是火势会相对减小。车厢内温度逐渐升高，塑料设备熔化，挥发出可燃气体。可燃气体的浓度逐渐增大，当进入列车内的空气突然增加时列车就会突然着火。“跳火”是列车内部突然燃烧时的一种必然现象，它会导致火灾热释放率和燃烧速率的迅速增加。燃烧列车释放出的热量通常能够将火灾传到邻近的列车上，而每辆车上可燃材料的数量、种类及列车两端的耐火性都会影响火灾的传播。实际地铁火灾的观测表明：车辆之间火势的传播发生在底板上方居多。在通常情况下，列车底板的耐火结构会防止火灾向车下的设备传递或底板的燃烧，这有益于减少火灾中可燃材料的总量，从而减少第二辆列车和后面车辆燃烧产生的热量，火灾会被控制在第二辆列车和后面列车的底板上部。

**4. 地铁站台火灾烟气流动的特点**

地铁火灾的危害主要是热量、烟气和缺氧，其中以烟气造成的人员伤害比例最大，阿塞拜疆巴库地铁火灾、韩国大邱地铁火灾的调查结果表明，人员伤亡主要是因为吸入高温的有毒气体造成的。

烟气是物质在燃烧反应过程中由热分解生成的含有大量热量的气态、液态和固态物质与空气的混合物。它由极小的炭黑粒子完全燃烧或不完全燃烧的灰分及可燃物的其他燃烧分解产物所组成。烟气的流动扩散速度与烟气的温度和流动方向有关。烟气在水平方向的扩散流动速度：火灾初期阶段一般为0.3 m/s，猛烈阶段为0.5~3 m/s。烟气在垂直方向的扩散流动速度较大，通常为3~4 m/s。烟气对人体的危害主要是燃烧产生的有毒气体所引起的中毒、窒息及对人体器官的刺激和高温作用。同时，烟气会影响人的视线，燃烧产生的大量烟气使能见度大大降低。人在浓烟中往往辨不清方向，对本来很熟悉的环境也会变得无法辨认，以致惊慌失措，给灭火工作、人员疏散带来困难。人在烟气环境中能正确判断方向、脱离险境的能见度最低为5 m，当降到3 m以下时，逃离现场就非常困难。烟气还是火势发展蔓延的重要因素，不完全燃烧产物中的一氧化碳与空气混合能继续燃烧或发生爆炸，燃烧产物有很高的热能，会因对流、辐射引起新的火点，成为火势发展、蔓延的重要因素。

地铁站与地面建筑不同，只有地下空间，建筑出口和入口少，客流量大，人员疏散不易。地铁站内发生火灾时，烟气流动受到站台周围壁面的限制，将会在地铁站台内产生一定的烟气蓄积，由于缺乏与外界相连的通道，热量不容易排除，易造成火源附近温度较高，可能对车站结构产生破坏。地铁站内的通风条件不佳，将导致火灾燃烧时供氧不充分，产生大量不完全燃烧气体，如CO、NO等，对人员的危害更大。由于地铁站通常是狭长的多层结构，各层之间存在一定的高度差，因此，火灾烟气流动既有距离较长的水平方向流动，又有竖直方向的流动。如果没有启动烟气控制措施或者烟气控制效果不理想，当烟气降到挡烟垂壁以下时，会继续水平地向相邻防烟分区和通过楼梯口通道竖直地向起火层上层蔓延，烟气将在热浮力的驱动下充满起火层及其以上的各层空间。在烟气自然流动的情况下，站厅两侧的出入口会影响站厅烟气的流动情况。地铁站与地面的出入口既是烟气流向地面的通道，也是空气流入地铁站的通道。地铁站出入口对于火灾烟气存在着竞争现象，其结果是一侧的出入口成为烟气流出的通道，而另一侧成为空气流入站厅的通道。流入站厅层的烟气沿顶棚流动至地铁站出入口后，流向地面。

在地铁站内，烟气流动的方向与地铁站内人员疏散方向是一致的，烟气蔓延时，将占用人员疏散和消防队员扑救的通道，如楼梯、扶梯等，若保护不当导致这些通道被烟气阻塞，必将严重威胁人员的安全疏散。

影响地铁内烟气流动的主要驱动力有地铁站内外温差引起的烟囱效应、热烟气的浮力、膨胀力和空气阻力等。

(1) 烟囱效应

火灾情况下，由于建筑内外存在温度差，使室内空气密度比外界小，这便产生了使气体向上运动的浮力。当烟气沿地铁隧道内的活塞风井和车站内较深的楼梯通道蔓延时，这种气体上升运动十分显著，即产生烟囱效应（stack effect）。

对于地铁内的活塞风井和楼梯通道这种上部和下部均

有开口的结构，在发生火灾时会产生单纯的向上流动，且在 $P_0 = P_s$ 的高度形成压力中性面。内外温度分别为 $T_s$ 和 $T_0$，$\rho_s$ 和 $\rho_0$ 分别为空气在温度 $T_s$ 和 $T_0$ 时的密度，$g$ 是重力加速度常数，对于地铁这类建筑物高度，可以认为重力加速度不变。如果下开口处大气压力为 $P_0$，则在中性面之上任意高度 $h$ 处的内外压差为：

$$\Delta P_{s0} = (\rho_0 - \rho_s) gh$$

活塞风井和楼梯通道的开口截面积较大，相对于浮力所引起的压差而言，气体在竖井内流动的摩擦阻力可以忽略不计，由此可认为竖井内气体流动的驱动力仅为静压差。建筑物内外的压差变化与大气压 $P_{atm}$ 相比要小得多，因此，可根据理想气体定律，用 $P_{atm}$ 计算气体的密度。一般认为烟气也遵循理想气体定律，再假设烟气的分子量与空气的平均分子量相同，即等于0.028 9 kg/mol，则上式可写为：

$$\Delta P_{s0} = gP_{atm}h(1/T_0 - 1/T_s)/R$$

式中，$T_0$ 为外界空气的绝对温度，$T_s$ 为竖井中空气的绝对温度，$R$ 为通用气体常数。将标准大气压的参数值代入，上式改写为：

$$\Delta P_{s0} = K_s(1/T_0 - 1/T_s)h$$

式中，$h$ 为中性面以上的距离（m），$K_s$ 为修正系数（为3 460）。在正烟囱效应下，低于中性面火源产生的烟气将与建筑物内的空气一起流入竖井，并沿竖井上升。

陈法林等利用CFD模拟了垂向通道对烟气的竞争现

象。钟委通过受力分析、小尺寸实验和 CFD 模拟对这种现象进行了研究，结果表明当地铁站站厅发生火灾时，站厅两侧的楼梯会对火灾烟气进行竞争，将使一侧的楼梯成为烟气向地面蔓延的通道，而另一侧楼梯成为空气进入站厅的通道。从本质上来说，楼梯口争夺现象是烟囱效应的一种表现形式。

（2）浮力

火灾产生的高温烟气由于温度高于环境空气，密度比环境空气低，因而具有浮力。浮力是火灾烟气向上运动的主要驱动力，浮力大小等于高度 $h$ 处烟气与环境空气的压力差，起火区域与环境之间的压力差可以表示为：

$$\Delta P_{f0} = ghP_{atm}(1/T_0 - 1/T_f)/R$$

式中，$\Delta P_{f0}$ 为热烟气与环境空气之间的压力差（Pa），$T_0$ 为环境空气的绝对温度，$T_f$ 为热烟气的绝对温度，$h$ 为中性面以上的距离。

（3）空气阻力

当地铁站内发生火灾时，烟气将沿顶棚和楼梯通道流动；同时，由于燃烧造成的空气消耗，需要补充一定的空气，这样空气就从地铁出入口处向起火区域流动。空气流动将对烟气蔓延形成一定的阻力，空气流动所产生的动压为：

$$P_{ar} = \frac{1}{2}\rho_a u_a^2$$

式中，$\rho_a$ 是环境空气的密度，$u_a$ 是空气流速。

## 二、地铁火灾可燃物及燃烧产物分析

### 1. 可燃物分析

燃料（可燃物）、供氧和火源是发生火灾的三大要素，作为对地铁发生火灾三大要素之一的可燃物的研究是前提条件，地铁火灾可燃物包括两大方面因素的影响，即内部因素和外部因素。内部因素主要指物的因素，包括车站、隧道及列车内存在的大量电气设备，车站、列车内的建筑装饰材料和广告牌等。另外，地铁车辆、供电设备、机电设备等均处在超期服役状态，一旦发生故障，可能导致地铁火灾事故。外部因素主要指人的因素，包括乘客携带违禁品及吸烟和吸烟后烟蒂随处乱扔等因素。

### 2. 燃烧产物分析

引起地铁火灾的可燃物是非常复杂的混合物，很少以单一化合物形式存在，其由有机可燃物质、不可燃的无机矿物及水分组成，车辆及车站的可燃材料主要由碳、氢、氧、氮、硫等化学元素组成。地铁发生火灾后，生成烟气的有害成分及生成量见表2—1。

**表2—1　地铁列车火灾烟气的有害成分及生成量**

| 材料 | 有害成分及其生成量（mg/g） | | | | | | | | | | |
|---|---|---|---|---|---|---|---|---|---|---|---|
| | $CO_2$ | CO | $CH_4$ | $C_2H_4$ | $C_2H_2$ | HCN | $SO_2$ | NO | $NO_2$ | HBr | $NH_3$ |
| 人造纤维 | 804 | 180 | 2.2 | 7.2 | 1.8 | | | 0.05 | 0.06 | | |
| 车体内装宝丽板 | 154 | 126 | | | | 18.6 | 31.2 | | | 18.2 | |

续表

| 材料 | 有害成分及其生成量（mg/g） | | | | | | | | | | |
|---|---|---|---|---|---|---|---|---|---|---|---|
| | $CO_2$ | CO | $CH_4$ | $C_2H_4$ | $C_2H_2$ | HCN | $SO_2$ | NO | $NO_2$ | HBr | $NH_3$ |
| 聚丙烯腈 | 806 | 156 | 3.2 | 8.2 | 9.63 | 75 | | 0.6 | 0.76 | | 1.07 |
| 羊毛 | 108 | 165 | | | | 1.46 | 41.3 | 0.72 | 0.41 | | 0.18 |
| 棉织衣物 | 908 | 182 | | | | | | 0.16 | 0.36 | | |

从表2—1可见，一氧化碳是烟气中对人最具威胁的成分。一氧化碳被人体吸入后与血液中的血红蛋白结合成为一氧化碳血红蛋白，从而阻碍血液把氧气送到人体各部位。当一氧化碳与血液中50%以上的血红蛋白结合时，便能造成脑和中枢神经严重缺氧，继而失去知觉，甚至死亡。即使一氧化碳的吸入在致死量以下，也会因缺氧而发生头痛及呕吐症状，最终仍可导致不能及时逃离火场而死亡。

木材制品燃烧产生的醛类、聚氯乙烯燃烧产生的化合物都是刺激性很强的气体，甚至使人致命。例如，烟气中含有$5.5\times10^{-6}$的丙烯醛时，便会对上呼吸道产生刺激症状；如在$10\times10^{-6}$以上时，就能引起肺部的变化，数分钟内即可死亡。它的允许浓度为$0.1\times10^{-6}$，而木材燃烧的烟中丙烯醛的含量已达$50\times10^{-6}$左右，加之烟气中还有甲醛、乙醛等，对人都是极为有害的，其他有毒气体允许浓度见表2—2。通常，最先超过一般人的生理极限的主要成分是CO、$SO_2$、$CO_2$，其次是NO、$NO_2$和HCl。

表 2—2　　其他有毒气体允许浓度

| 毒气种类 | 允许浓度（%） |
| --- | --- |
| 氯化氢（HCl） | 0.1 |
| 氨气（$NH_3$） | 0.3 |
| 光气（$COCl_2$） | 0.002 5 |

地铁火灾燃烧的特性和燃料复杂性给火灾模拟火源的确定带来不便。一般的火灾模拟会根据实际火源的特征将火源进行简化，但模拟再生火源就比较困难。

## 三、燃烧的模拟方法

### 1. 湍流燃烧模拟方法

火灾现象是一种失去控制并造成危害的燃烧，因此，现代燃烧理论是火灾安全科学发展进程中最重要的科学支撑之一。随着燃烧基本理论、数学模型的发展，燃烧学由描述性的、半经验性的科学走向了严谨的科学。近三十年来成功地发展了很多湍流燃烧模型，包括快速反应模型(包括 Eddy - Break - up 模型等)、线涡模拟、联合多变量的概率密度函数（PDF）输运方程的 Monte - Cario 模拟、简化或设定的概率密度函数模型（Presumed PDF)、条件矩模拟 CMC、关联矩模型及直接数值模拟（DNS)、大涡模拟（LES)·等。

快速反应模型是守恒标量方法中最简单的一种，它假设所有的基元反应速率都大于湍流混合过程的速率，化学反应速率由湍流混合的速率决定，该模型在火灾过程的模拟中应用广泛，但在燃烧温度、燃烧中的自由基成分、化学组分浓度等参数与化学反应动力效应强烈作用的情况下会出现不合理的预测结果。

EBU（Eddy - Break - Up）模型主要适用于湍流预混燃烧。它假定湍流燃烧时化学反应速率取决于未燃气和已燃气微团在湍流作用下破碎成更小微团的速率，该模型只适用于高雷诺数的湍流燃烧过程，不能对火灾过程中的有毒组分（如一氧化碳等）进行预测。

对火灾过程的研究不仅要关注燃烧的热效应，还需要考虑火灾过程中有毒组分的生成及输运。PDF 方法就可解决此类问题，它是把标量脉动关联矩、矢量脉动关联矩、标量和矢量脉动关联矩及非线性的化学反应源项的封闭建立在确定标量和矢量的联合概率密度函数上，无须模拟，但是 PDF 输运方程本身的分子混合项和随机速度项仍需通过模拟加以封闭。CMC 方法引入了一个守恒标量作为条件变量，平均值和脉动矩就成为该守恒标量的条件矩。它能够将反应动力学和流动的非均匀性解析，同时保持标量耗散（微尺度的混合）的影响。

随着湍流燃烧模拟的不断发展，近三十年来也成功地发展了一些湍流燃烧模型，A. W. Cook 分别进行了基于化学平衡（1994）、一步（1997）及多步（1998）有限化学反应速率的亚格子尺度小火焰面模拟。Wen J. X.（2000）和 Kang Y.（2001）分别利用基于层流小火焰的大涡模拟方法对受限射流火焰及池火进行了模拟，在火灾过程的模拟中应用亚格子尺度层流小火焰法。

2. 非预混燃烧模型

FLUENT 软件在处理燃烧问题时把燃烧计算分为非预混燃烧、预混燃烧和部分预混燃烧三种。非预混燃烧适用于燃料和氧化剂分别来自不同入口的情况，也就是说燃料和氧化剂在燃烧前没有进行过混合，这就是所谓“非预混”的含义。地铁发生火灾时多属于固体或液体物质的燃烧，符合非预混燃烧的条件。

非预混燃烧计算中不使用有限速率化学反应模型，而是用统一的混合物浓度作为未知变量进行求解，因此，计算中无须计算代表组元生成或消失的源项，计算速度比有限速率化学反应模型要快。但是非预混燃烧的计算需要流场满足一定的条件，即流场必须为湍流，化学反应过程的时间非常短，燃料、氧化剂必须来自不同的入口等。除燃料入口和氧化剂入口外，非预混燃烧允许存在第三个流动入口，这个入口可以是燃料、氧化剂，也可以是不参与燃烧反应的第三种流体的入口。

非预混燃烧计算使用的化学反应模型包括火焰层近似（flame sheet approximation）、平衡流计算和层流火苗（flame let）三种模型。火焰层近似模型假设燃料和氧化剂在相遇后立刻燃烧完毕，即反应速度为无穷大，其优点是计算速度快；缺点是计算误差较大，特别是对于局部热量的计算可能超过实际值。平衡流计算是用吉布斯自由能极小化的方法求解组元浓度场，这种方法的优点是既避免了求解有限速率化学反应模型，又能够比较精确地获得组元浓度场。层流火苗模型则将湍流火焰燃烧看作由多个层流区组合而成，而在各层流子区中可以采用真实反应模型，从而大大提高计算精度。

非预混燃烧计算中湍流计算采用的是时均化 N—S 方程，湍流与化学反应的相关过程用概率密度函数（PDF）逼近，计算过程中组元的化学性质用 FLUENT 提供的预处理程序 prePDF 进行计算处理。

### 3. 湍流的 PDF 燃烧模型

用 PDF（Probability Density Function）方法研究湍流燃烧问题已有几十年的历史。PDF 方法是把标量脉动关联矩、矢量脉动关联矩、标量和矢量脉动关联矩及非线性的化学反应源项的封闭建立在确定标量和矢量的联合概率密度函数之上，无须模拟，但是 PDF 输运方程本身的分子混合项和随机速度项仍需通过模拟加以封闭。该方法在有限反应速率的燃烧过程和考虑详细反应动力学中具有很强的优势。

地铁火灾燃烧类型多属于非预混紊态扩散火焰燃烧，综合考虑合理性和经济性，采用已得到较多应用的快速化学反应的守恒标量简化 PDF 模型解决地铁火灾燃烧问题较为合适。

在湍流燃烧中，由于化学反应源项具有很强的非线性，用通常的雷诺平均会给方程封闭带来很大困难，而求解概率密度函数（PDF）输运方程方法，直接以封闭的形式给出化学反应源项，无须对它进行模拟，因而在计算湍流燃烧问题时具有独特的优势。

（1）简单化学反应系统

湍流燃烧化学反应是个十分复杂的分过程，即使是纯燃料（如一氧化碳、甲烷等），其燃烧反应也是包含几种至几十种的中间产物、几个至几百个中间反应的复杂反应。由于计算机条件和燃烧模型的限制，若考虑如此复杂的链反应过程，要解出各种中间产物和最终产物在空间各点的分布是相当困难的。采用简单化学反应系统可以绕过化学反应详细机理，而又基本满足实际需要。

1）化学反应可以单步不可逆反应来表征，燃料、氧化剂和产物之间质量的变化满足下式：

$$1\ \text{kg 燃料} + S\ \text{kg 氧化剂} \rightarrow (1+S)\ \text{kg 产物}$$

式中，$S$ 为完全燃烧 1 kg 燃料在理论上所需氧化剂的质量，称为燃料及氧化剂的当量比，其与燃料和氧化剂的种类有关，而与化学反应及流动的状态无关。

2）各组分的交换系数彼此相等，并且等于总焓交换系数，也即刘易斯数等于1。

3）各组分的比热彼此相等，与温度无关。

（2）系统化学反应模型

常见的用于描述系统化学反应的方法主要有以下三种：

1）火焰面近似值（快速化学反应）。火焰面近似值是最简单的反应类型。这种方法假设化学反应无限快，不可逆，燃料和氧化剂组分在空间中永远不共存，并且一步完全转化为最终产物。允许组分质量分数用给定的反应化学当量直接确定，而不需要反应率或者化学平衡信息，组分质量分数和混合分数之间服从直线关系。由于不需要反应速率或者平衡计算，火焰面近似值可以很容易、很快速地计算出来。然而，火焰面近似值模型受限于一步反应的预测，不能预测中间组分形成或离解效应。

2）平衡假设。平衡模型假定化学反应快到足以使化学平衡保持在分子水平。其能预测中间组分的生成，不需要详细的化学动力学。平衡假设不专门定义多级反应机制，而是可以简单地定义系统中会出现的重要化学组分。

3）非平衡化学反应（小火焰模型）。在非平衡效应非常重要的燃烧模型中，假定局部化学平衡会导致不真实的结果。小火焰模型是对调整非平衡火焰化学反应问题更为一般的解决方法。

在地铁火灾条件下，人们主要关心的是燃烧生成的最终产物的毒性问题及最终燃烧产物的分布问题，较少关心中间产物的分布。由于快速化学反应模型不用考虑实际化学反应速率，其计算过程大大简化，从而节省大量的计算时间，因此，对地铁火灾选择快速化学反应方法即可满足需求。

（3）混合分数

在一定简化假设下，流体的瞬时热化学状态与一个守恒量，即混合分数 $f$ 相关。混合分数可根据原子质量分数写为：

$$f=\frac{Z_{\mathrm{i}}-Z_{\mathrm{i,ox}}}{Z_{\mathrm{i,fuel}}-Z_{\mathrm{i,ox}}}$$

式中，$Z_{\mathrm{i}}$ 为元素 i 的元素质量分数，下标 ox 表示氧化剂流入口处的值，fuel 表示燃料流入口处的值。如果所有组分的扩散系数相等，上式对所有元素都相同且混合分数定义是唯一的。因此，混合分数就是来源于燃料流的元素质量分数。

（4）湍流—化学反应相互作用概率密度函数（PDF）

通过平衡、小火焰或快速化学反应模型可以给出混合分数与组分质量分数、密度和温度之间的瞬时关系。然而，预测紊态反应流动关心的是预测这些脉动量的时间平均值。应用概率密度函数法（PDF）作为封闭模型可以使这些时间平均值与依赖于湍流—化学反应相互作用模型的瞬时值关联起来。

概率密度函数写作 $p(f)$，可被考虑为流动状态 $f$ 的时间分数。图 2—1 阐明了这一概念。$f$ 的脉动值绘在图的右边，依赖于一定范围 $\Delta f$ 的一些时间分数。$p(f)$ 绘在图左边，表现出在 $\Delta f$ 这段范围内曲线下面积值，与 $f$ 在这段范围内的时间分数相等。写成数学形式为：

$$p(f)\Delta f=\lim_{T\to\infty}\frac{1}{T}\sum_{i}\tau_{i}$$

式中，$T$ 为时间尺度；$\tau_i$ 为 $f$ 花在 $\Delta f$ 段内的时间总量。

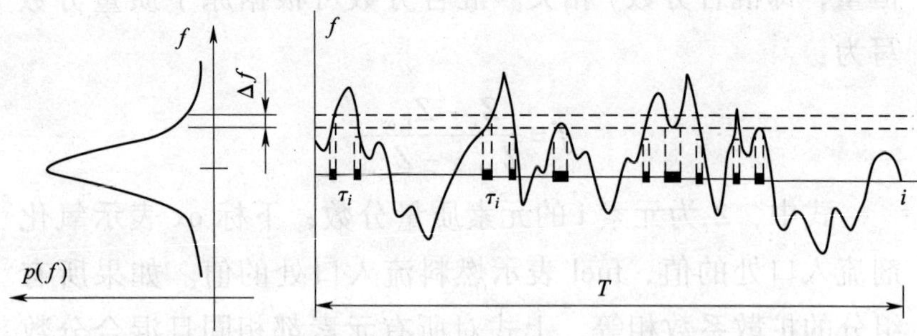


图 2—1　概率密度函数 $p(f)$ 的图形描述

PDF 模型允许考虑中间产物生成、离解效应与湍流和化学反应的耦合。它省略了求解多种组分的输运方程，从而可以大大节省计算时间。

# 第三章

# 地铁火灾场模拟理论基础

地铁站台发生火灾后，通道内风流由于受到火灾高温的加热作用，密度发生变化，在重力场作用下诱发对流，此时的风流流动主要由浮升力和主要通风机的风压控制（自然通风由浮升力控制)。在火源附近区域，由于各处的温度不同，浮升力大小不均匀。由于浮升力的不均匀驱动气体上浮流动，同时还会增加上升羽流的紊流掺混，此外由于浮升力的作用还会改变通道网络内主要通风机运行的工况。对站台这样的大空间建筑，人员流动密集，对火灾发生后流场变化的规律需要进行微观的描述，若采用传统的一维或二维非稳态火灾模型，不能有效地模拟流场区域的参数分布。因此，建立站台区域火灾的三维数值模拟模型是十分必要的。

## 一、地铁火灾场模拟技术原理

所谓模拟研究，是指在某种近似条件下进行的研究，它包括计算机模拟和模拟实验。火灾过程模拟研究的科学依据是承认火灾过程遵循一定的规律，这个规律既可以在模拟实验中再现，也可以抽象成控制火灾过程的数学表达式（微分方程或代数方程）。通过简化和近似，逐个研究影响火灾的各个分过程和各主要因素的作用，逐步揭示火灾的机理和规律。计算机模拟是指利用计算机的计算、数据库、图形和图像等功能所进行的研究。火灾过程的计算机模拟是多层次和多种类的，归纳起来可分为三个层次：第一，专家系统，又称经验模拟；第二，半经验半理论的模拟，又称半物理模拟；第三，场模拟，又称物理模拟。

场模拟是计算机模拟的第三个层次。场是指状态参数，如速度、温度、各组分的浓度等的空间分布。由于在实际火灾中参数（如流速、温度、烟气浓度、热流强度等）随空间位置和时间而变化，因此，为正确描述火灾过程，需要了解参数的空间分布（速度场、温度场和浓度场等）及其随时间的变化。如图 3—1 所示，为进行场模拟，必须建立和求解体现质量、动量和化学组分变化规律的，由连续方程、动量方程、能量方程、组分方程和辅助方程构成的封闭的数学问题，这个数学问题通常由偏微分方程组和定解条件（边界和初始条件）组成。场模拟中的数学问题在一般情况下很难求出解析解，需要借助计算机进行数值求解。

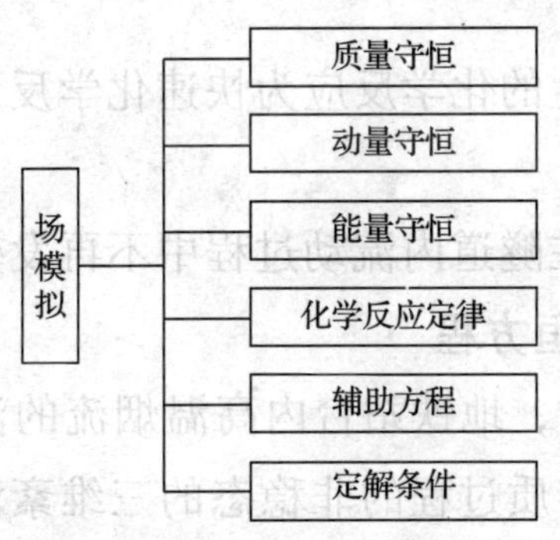


图 3—1　场模拟基础

## 二、地铁火灾流场的物理数学模型

### 1. 基本假设

火灾是一种失去控制的燃烧现象，其发生、发展和熄灭是一个随时间变化的复杂的物理化学过程，其中包括多种可燃物的燃烧、气体的复杂流动及各种形式的传热传质，要对其进行完整的数学模拟是非常困难的，因而大多数研究者对燃烧过程进行了较大的简化。为了便于对火灾进行数值模拟，在建立流场模型过程中采取以下基本假设：

（1）发生火灾前，地铁内风流为充分发展的紊流流动，风流温度均匀。

（2）火灾产生的烟流可视为多组分理想气体，风流及烟流遵循理想气体状态方程。

（3）地铁壁面温度等于围岩冷却带温度，壁面干燥、无渗透。

(4) 所发生的化学反应为快速化学反应，采取平衡假设。

(5) 烟气在隧道内流动过程中不再发生化学反应。

2. **基本守恒方程**

发生火灾时，地铁站台内高温烟流的流动可视为一个伴随着传热、传质过程的非稳态的三维紊流流场。描述该流场的主要物理量有六个，即速度在三个坐标轴方向的分量及压力、烟流浓度、总焓（温度）。高温烟流的流动遵循流场运动的有关方程和热量平衡、质量守恒定律以及以此为出发点建立的化学流体力学基本方程组，即

连续性方程：

$$\frac{\partial \rho}{\partial t}+\frac{\partial(\rho u_j)}{\partial x_j}=0 \qquad (3-1)$$

动量方程方向：

$$\frac{\partial(\rho u_i)}{\partial t}+\frac{\partial(\rho u_j u_i)}{\partial x_j}=\frac{\partial}{\partial x_j}\left(\mu\frac{\partial u_j}{\partial x_j}\right)+S_{uj} \qquad (3-2)$$

能量方程：

$$\frac{\partial(\rho h)}{\partial t}+\frac{\partial(\rho u_j h)}{\partial x_j}=\frac{\partial}{\partial x_j}\left(\Gamma_h\frac{\partial h}{\partial x_j}\right)+S_h \qquad (3-3)$$

组分方程（$l$ 组分）：

$$\frac{\partial(\rho m_l)}{\partial t}+\frac{\partial(\rho u_j m_l)}{\partial x_j}=\frac{\partial}{\partial x_j}\left(\Gamma_h\frac{\partial m_l}{\partial x_j}\right)+S_l \qquad (3-4)$$

式中 $u$——速度，m/s；

$h$——焓，K；

$m$——质量分数；

$\Gamma_h$——输运系数；

$S$——方程的源项。

火灾过程中，通常动量方程的源项包括体积力、压力梯度和部分黏性力；以总焓表示的能量方程的源项包括辐射换热；组分方程的源项为组分 $l$ 的产生率。

式（3-1）至式（3-4）构成了火灾过程烟流在地铁内的瞬时守恒方程组。由于在主通风机风压及浮升力作用下的火灾过程中烟气流动是紊流流动，对湍流的最根本模拟方法是在湍流尺度的网络尺寸由求解瞬态三维 Naviter-Stokes 方程的全真模拟，这时无须引入任何模型。但是，目前的计算机容量及计算速度还难以解决。另一种要求较低的方法是亚网格尺度模拟，即大涡模拟（LES），也是由 N-S 方程出发，其网格尺寸比湍流尺度大，可以模拟湍流发展过程的一些细节，但计算量仍很大。目前，比较现实的方法仍然是采用雷诺时均方程出发的模拟，即通常所说的湍流模型。湍流模型的方法是目前处理流体流动问题最有效且最有希望的方法。

**3. 标准 $k-\varepsilon$ 两方程模型**

对湍流模拟采用求解以平均运动的连续性方程和平均运动的 N-S 方程即雷诺方程为基础，再加上其他封闭性的关系构成的方程组。在湍流模型中，根据附加方程的数目不同，可分为零方程模型、一方程模型、二方程模型和多方程模型。

地铁火灾过程中，浮力对流体的流动影响明显。火灾过程中，引起密度不均匀的原因是温度和成分的差异。浮力的作用既影响平均流场，又影响湍流结构，从而影响流动参数（速度、温度和成分等）的空间分布及其随时间的变化。由于浮力对火灾过程有重要影响，对通道火灾过程的模拟需要采用受浮力影响的湍流模型。

湍流模型有两种，即以 $k-\varepsilon$ 模型为代表的双方程模型和雷诺应力模型。这里采用应用最广泛的双方程模型，即 $k-\varepsilon$ 模型。湍流动能 $k$ 和湍流动能耗散率 $\varepsilon$ 的变化遵守下列方程：

$$\frac{\partial(\rho k)}{\partial t}+\frac{\partial(\rho u_j k)}{\partial x_j}=\frac{\partial}{\partial x_j}\left[\left(\mu+\frac{\mu_t}{\sigma_k}\right)\frac{\partial k}{\partial x_j}\right]+G+G_b-\rho\varepsilon \tag{3-5}$$

$$\frac{\partial(\rho\varepsilon)}{\partial t}+\frac{\partial(\rho u_j\varepsilon)}{\partial x_j}=\frac{\partial}{\partial x_j}\left[\left(\mu+\frac{\mu_t}{\sigma_\varepsilon}\right)\frac{\partial\varepsilon}{\partial x_j}\right]+C_{1\varepsilon}\frac{\varepsilon}{k}(G_k+C_{3\varepsilon}G_b)-C_{2\varepsilon}\rho\frac{\varepsilon^2}{k} \tag{3-6}$$

式中 $G_k$——由层流速度梯度而产生的湍流动能，$G_k=-\rho\overline{u'_i u'_j}\frac{\partial u_j}{\partial x_i}$；

$G_b$——由浮力产生的湍流动能，$G_b=\beta g_i\frac{\mu_t}{Pr_t}\frac{\partial T}{\partial x_i}$，其

中，$Pr_t$是湍流能量普朗特数，$g_i$是重力在 $i$ 方向上的分量。$Pr_t$的默认值是0.85。$\beta$ 为热膨胀系数，$\beta = -\frac{1}{\rho}\left(\frac{\partial \rho}{\partial T}\right)_p$。对理想气体状态方程，简化为 $G_b = -g_i \frac{\mu_t}{\rho Pr_t}\frac{\partial \rho}{\partial x_i}$；

$\mu$——动力黏性，Pa·s；

$\mu_t$——湍流黏性，$\mu_t = \rho C_\mu \frac{k^2}{\varepsilon}$；

$C_{1\varepsilon}$、$C_{2\varepsilon}$、$C_\mu$——常量；

$\sigma_k$、$\sigma_\varepsilon$——$k$ 方程和 $\varepsilon$ 方程的湍流 Prandtl 数；

$C_{3\varepsilon}$——常量，由下式确定，$C_{3\varepsilon} = \tanh\left|\frac{v}{u}\right|$，这里 $v$ 是流体平行于重力的速度分量，$u$ 是垂直于重力的分量。

通常所说的 $k-\varepsilon$ 模型指标准 $k-\varepsilon$ 模型，其假定湍流黏性各向同性，但是在模拟通道火灾的三维流动现象——烟流滚退时，由于浮力的作用和壁面的影响，流体流动，尤其是逆流层的流动使其各向异性。与标准 $k-\varepsilon$ 模型相比，修正的 $k-\varepsilon$ 模型可以考虑湍流黏性各向异性的性质，因此对通道火灾的模拟适宜采用修正的 $k-\varepsilon$ 模型。修正的 $k-\varepsilon$ 模型的方程为：

$$\frac{\partial(\rho k)}{\partial t} + \frac{\partial(\rho u_j k)}{\partial x_j} = \frac{\partial}{\partial x_j}\left[\left(\mu + \frac{\mu_t}{\sigma_k}\right)\frac{\partial k}{\partial x_j}\right] + G_k + G_b - \rho\varepsilon \tag{3-7}$$

$$\frac{\partial(\rho\varepsilon)}{\partial t}+\frac{\partial(\rho u_j\varepsilon)}{\partial x_j}=\frac{\partial}{\partial x_j}\left[\left(\mu+\frac{\mu_t}{\sigma_\varepsilon}\right)\frac{\partial\varepsilon}{\partial x_j}\right]$$

$$+\rho C_1S_\varepsilon-\rho C_2\frac{\varepsilon^2}{k+\sqrt{\nu\varepsilon}}+C_{1\varepsilon}\frac{\varepsilon}{k}C_{3\varepsilon}G_b \quad (3-8)$$

式中，$C_1=\max\left(0.43,\frac{\eta}{\eta+5}\right)$，其中 $\eta=S\frac{k}{\varepsilon}$。通道火灾中，根据文献，取 $C_1=1.8$，$C_2=0.6$，$C_{1\varepsilon}=1.44$，$C_{3\varepsilon}=0.2$。

4. **定解条件**

连续性方程、动量守恒方程、能量守恒方程、组分输运方程（即混合分数 $f$ 方程）、湍流动能 $k$ 方程和湍流动能耗散率 $\varepsilon$ 方程、热辐射方程构成了求解巷道火灾流场、温度场、浓度场的数学模型，要对这些数学模型进行求解，还需针对通道火灾这一具体问题提供定解条件，包括初始条件、边界条件、壁面条件等。通道火灾与地面建筑火灾有相同之处，但也有其特殊性，这主要体现在边界条件的不同上，如图 3—2 所示。

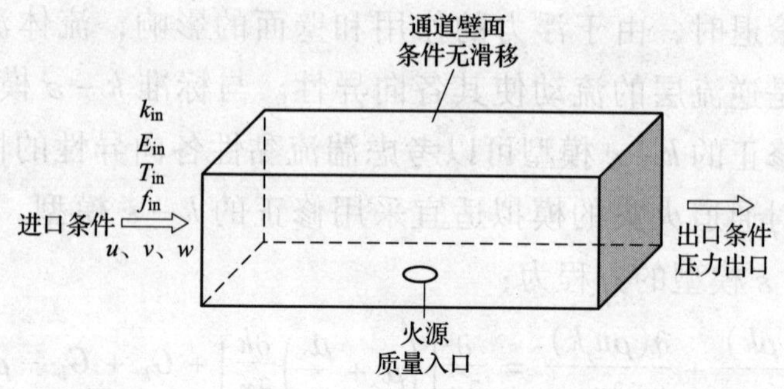


图 3—2　通道火灾定解条件

(1) 火源的处理

通道发生火灾时，火源处是燃烧着的火焰，进行着复杂的化学反应。目前在多数文献中均不考虑火源的具体燃烧过程，只简单地将火源处理成一恒定高温区。这样虽然可以简单地模拟烟气的运动，但是火灾过程中火焰会对烟流运动产生一定的影响，尤其是在产生烟流滚退时，火焰的温度要远高于烟流温度。因此，有必要考虑燃烧化学反应，为了简化反应过程，将火源的燃烧反应简化为简单化学反应，即不考虑详细的反应机理，认为燃料一旦遇到氧化剂（氧气）即生成燃烧最终产物。燃料简化为质量流入口，在原始燃料温度较低的情形下，质量流入口等同于速度入口。

(2) 初始条件

火灾发生后，烟气流动为非定常过程，若要进行求解须给出某一既定时刻（初始时刻）流场中每一点的流动参数 $\Phi$。假定在初始时刻（$t=0$）巷道内各处压力 $p$ 为 $p_0$，轴向风速 $u$ 为平均风速 $u_\alpha$，垂向速度 $v$ 等于0，横向速度 $w$ 等于0，温度 $T$ 等于风温 $T_\alpha$，燃烧燃料量 $m_f$ 为 $m_0$ 及其所占的混合分数 $f_{m,\mathrm{in}}$。

(3) 边界条件

火灾烟气流动涉及的边界条件有火源通道进口条件、通道出口条件及通道壁面条件等。

1) 进口条件

进口条件通常指通道进口速度（$u$，$v$，$w$），温度 $T_{\mathrm{in}}$，

流量 $F_{in}$，混合分数 $f_{in}$，紊流动能 $k_{in}$ 和动能耗散率 $\varepsilon_{in}$ 等。通道火灾通常是在主扇控制之下的强迫对流（地面建筑物通常为在自然通风条件下的自然对流），其进口风速、温度、流量和浓度条件可通过实测确定，紊流动能 $k_{in}$ 和动能耗散率 $\varepsilon_{in}$ 可用下列公式近似计算得到：

$$k = \frac{3}{2}(u_{avg}I)^2 \tag{3-9}$$

$$\varepsilon = C_{\mu}^{\frac{3}{4}}\frac{k^{\frac{3}{2}}}{l} \tag{3-10}$$

式中 $u_{avg}$——入口断面上的平均速度，m/s；

$I$——湍流强度，对完全发展的湍流，$I$ 可以估算为 $I \equiv \frac{u'}{u_{avg}} \cong 0.16\,(\mathrm{Re}_{D_H})^{-1/8}$；

$l$——湍流尺度，$l=0.07L$，$L$ 为特征尺度，在这里为通道断面水力直径，m；

$C_{\mu}$——湍流模型中指定的经验常数（近似为 0.09）。

2）壁面边界条件

在传热过程中，通道的围岩与建筑火灾房间的墙壁导热情况有所不同，在建筑火灾中，墙壁（有限厚度）的外侧与其他房间或外部环境相邻，而在通道火灾中，通道壁应视为半无限大平壁导热。

在通道固体壁面上采用无滑移边界条件，即壁面速度赋 0 值，但是对于通道断面两个方向上的速度 $v$ 和 $w$ 区分是动量方程还是连续性方程，在连续性方程中仍然采用无滑移边界条件，而对垂直于壁面方向的 $v$ 或 $w$ 动量方程采用法向一阶导数为零的条件。对于能量方程，假定通道通风时间已很长，通道壁面温度等于通道围岩冷却带温度 $T_{rock}$。假定在壁面上烟流不可渗透，对于湍流动能 $k_{in}$ 和组分气体方程 $C_s$，采用在壁面处扩散通量为 0 的边界条件：

$$\left(\frac{\partial \phi}{\partial n}\right)_{wall} = 0 \qquad (\phi = k, C_s) \qquad (3-11)$$

在通道壁面附近，平均速度遵从下面的壁面函数：

$$U^* = \frac{1}{\kappa}\ln(Ey^*) \qquad (3-12)$$

式中 $U^* \equiv \dfrac{U_P C_\mu^{1/4} k_P^{1/2}}{\tau_\omega / \rho}$

$y^* \equiv \dfrac{\rho C_\mu^{1/4} k_P^{1/2} y_P}{\mu}$

$\kappa$——von Kármán 常数（=0.42）；

$E$——经验常数（=9.81）；

$k_P$——在 $P$ 点的湍流动能，kJ/kg；

$y_P$——$P$ 点距壁面的距离，m；

$\mu$——流体的动力黏性，Pa·s。

对通道壁的固体区域，假定在距通道中心的无限远处，围岩温度仍等于原始岩温，由于在岩体内只存在温度梯度引起的热传导，因此在围岩内只需求解能量方程，假定围岩体内无热源，导热为各向同性，则围岩内需求解的能量方程为：

$$\frac{\partial}{\partial t}(\rho h) = \nabla \cdot (k \nabla T) \qquad (3-13)$$

式中 $\rho$——密度，$kg/m^3$；

$h$——显焓，$\int C_p dT$，K；

$k$——导热率；

$T$——温度，K。

3）出口条件

在火源通道出口边界，使用充分发展条件，即在出口断面上网格节点的参数值对于出口边界内侧最临近的参数值无影响。出口为压力出口，与地面建筑火灾不同（地面建筑火灾压力为定值），出口处的压力初始值由实验参数确定，随着计算的进行，出口压力根据其临近最内侧网格平均压力确定，即下一刻的压力初始值为上一时刻的临近出口的网格压力平均值。压力出口参数还包括回流条件，即发生回流时的组分混合分数值。

**5. 数值计算方法**

描述通道火灾烟气三维非稳态流动及传热传质过程的控制方程组是封闭的，加上合理的初始条件和边界条件便构成了数学上的定解问题。但是由于控制方程组的非线性及各方程之间的强烈耦合性，方程组是不能用解析法进行求解的，只能采用数值方法进行迭代求解。

目前对涉及导热、对流换热等传热问题的场模拟数值方法主要有三种，即有限差分法、有限容积法和有限元法。计算流体力学更多采用有限容积法对火灾数学模型进行离散化。

(1) 求解区域网格的划分

对求解区域进行离散是将微分方程离散化并进行数值求解的基础。网格的划分方式直接影响微分方程离散化的难易，影响计算求解的速度和所需的存储量，还会影响数值解的收敛性和准确性，网格划分方法有均匀网格和非均匀网格两种。均匀网格在求解区域内网格大小分布均匀不变；非均匀网格则是在因变量空间分布变化大的区域内划分较密集的网格，而在参数变化不大的区域安排较稀疏的网格。由于火灾时期通道内烟流流场在火源和壁面附近变化较大，为敏感区域，因此在划分网格时在通道高度方向和通道轴向上采用非均匀网格，即在火源区域和靠近顶板附近区域网格划分较细，而在远离火源区域和靠近底板附近区域网格间距较大，在通道宽度方向上均匀划分网格。通过这样的划分能够经济、有效地进行数值计算。目前划分三维网格类型主要有四面体、六面体、楔形、金字塔形等，其中六面体网格比其他几种方法不论在数量上还是数值求解过程的计算量及计算精度上均存在较大优势，非结构化网格可以有效地适应通道边界的变化，因此，通道网格类型选用非结构化六面体网格。

(2) 控制方程离散方法

要求解控制方程组，首先要对其进行离散化，这里采用有限容积法。有限容积法就是将控制域离散成一个有限系列的控制容积，然后在每个控制容积上对方程进行积分，在积分的过程中需要对界面上被求函数的本身（对流通量）及其一阶导数的（扩散通量）构成方式做出假设，从而形成了不同的格式。用有限容积法导出的离散方程可以保证具有守恒性（只要界面上的插值方法对位于界面两侧的控制容积是一样的即可），对区域形状的适应性好。能量、动量、质量等守恒方程的一般积分形式应用在每个单元（控制容积）上，如图3—3所示。

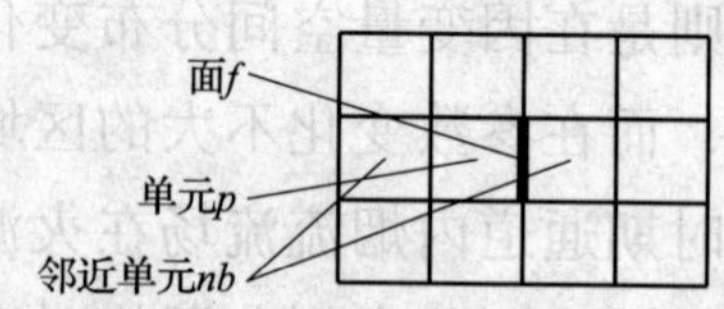


图3—3　控制容积

$$\underbrace{\frac{\partial}{\partial t}\int_V \rho\phi \mathrm{d}V}_{\text{非稳态项}} + \underbrace{\oint_A \rho\phi V \mathrm{d}A}_{\text{对流项}} = \underbrace{\oint_A \Gamma \nabla\phi \mathrm{d}A}_{\text{扩散项}} + \underbrace{\int_V S_\phi \mathrm{d}V}_{\text{源项}} \quad (3-14)$$

式中，$\phi$ 与方程的对应关系为

$\phi$：方程

1：连续性方程

$u$：$x$ 方向动量方程

$v$：$y$ 方向动量方程

$w$：$z$ 方向动量方程

$h$：能量方程

将方程（3－14）进一步离散成代数形式，如对单元

$p$ 有

$$\frac{(\rho\rho_p)^{t+\Delta t}-(\rho\rho_p)^t}{\Delta t}\Delta V+\sum_{\text{faces}}\rho_f\phi_f V_f A_f$$
$$=\sum_{\text{faces}}\Gamma_f(\nabla\phi)_{\perp,f}A_f+S_\phi\Delta V \qquad (3-15)$$

为了建立差分方程，需将方程（3-15）中的各项做进一步的离散，并把变量在网格面上的值用网格节点上的值表示出来。用网格节点上的值确定网格边界上的值没有一个完全确定的方法，只能采用近似的处理方法，提出网格边界上变量值与邻近网格节点上该变量值之间关系的假设，用内插法确定网格边界上变量值，由于内插方式不同，因而用不同的差分格式，如中心差分格式、迎风差分格式、混合差分格式、指数格式、二次迎风差分格式（Quick）等。此处对动量方程、能量方程、$k$ 方程、$\varepsilon$ 方程、平均混合分数方程采取一阶迎风差分格式进行插值。一阶迎风差分假定任何场变量在单元中心上的值代表单元平均值，单元面上的值通过中心值来确定，面的数量与单元数量一致。面上的值 $\phi_f$ 等于上风侧单元的单元中心值 $\phi$。

上面建立了火灾通道烟气三维流场的通用控制方程组的有限容积方程，因为上述离散的控制方程组是非线性的，因此要对其进行线性化以在每一个控制容积中对非独立变量生成一个方程系统，然后求解产生的线性系统以满足更新流场解的需求。线性化的方法有显式和隐式两种，这里采用隐式方法。隐式法就是对一个给定的变量，在每一个单元（控制容积）上的未知值通过使用邻近单元中所有存在和未知的值来计算。因此，每一个未知的变量将出现在方程系统中多于一个的方程中，这些方程必须同步求解以给出未知量。方程（3－15）线性化的格式可写为（对单元 $p$）：

$$a_p\phi_p = \sum_{nb} a_{nb}\phi_{nb} + b_p \tag{3-16}$$

式中，下标 $nb$ 表示邻近的单元，$a_p$ 和 $a_{nb}$ 是 $\phi_p$ 和 $\phi_{nb}$ 的线性化系数。

这样对控制体上的每一个单元使用同样的方法就可构成一系列代数方程，这些代数方程的系数构成一个稀疏系数矩阵，由此最终完成通道火灾的数学模型中各方程的离散。

（3）联立方程组的求解

进行联立代数方程组的求解，关键是如何求解压力场，或者在假定了压力场后如何去逼近真实解。方程组求解采用常用的压力修正法 SIMPLE（Semi－Implicit Method for Pressure－Linked Equations），意思是解压力耦合方程的半隐式法。

方程组的计算步骤如下：

1）假定通道内风流的初始速度分布 $u^0$、$v^0$、$w^0$（取正常时期通道风流速度分布），计算动量离散方程的系数及常数项。

2）估计整个求解区域压力场 $P^*$。

3）依次迭代求解动量离散方程，得到 $u^*$、$v^*$、$w^*$。

4）迭代求解压力修正 $P'$ 方程，得到 $P'$。

5）进行压力修正：$P = P^* + \alpha_p P'$，$\alpha_p$ 为松弛因子，取欠松弛。

6）求解校正后的速度分布。

7）迭代求解其他变量（$h$，$k$，$\varepsilon$，$f$）的离散化方程。

8）将新求得的速度场及新的物性代入动量方程，把校正过的压力 $P'$ 作为试探压力 $P^*$，回到第二步重复全过程，如此反复迭代直到得到收敛解。

## 三、CFD 软件介绍

### 1. 常用 CFD 软件

为了完成 CFD 计算，以前的研究人员通常需要自己动手编制软件，但由于 CFD 计算的复杂性及计算机硬件的兼容性，使得软件的兼容性很差，而 CFD 计算有很强的规律性和通用性，使得商用 CFD 软件得到广泛的应用，目前国际上可以利用的商用软件很多，不同的软件具有不同的特点，也应用于不同的工程领域，常用的商用软件包括 CFX、PHOENICS、STAR - CD、FIDIP 等。如下介绍几种常用的通用 CFD 软件。

(1) CFX

CFX 由英国 AEA 公司开发，是一种实用流体工程分析工具，用于模拟流体流动、传热、多相流、化学反应、燃烧问题。其优势在于处理流动物理现象简单而几何形状复杂的问题。它适用于直角、柱面、旋转坐标系，稳态、非稳态流动，瞬态、滑移网格，不可压缩、弱可压缩、可压缩流，浮力流，多相流，非牛顿流体，化学反应，燃烧，$NO_x$生成，辐射，多孔介质及混合传热过程。

CFX 引进了各种公认的湍流模型，例如 $k-\varepsilon$ 模型、低雷诺数 $k-\varepsilon$ 模型、RNG $k-\varepsilon$ 模型、代数雷诺应力模型、微分雷诺应力模型、微分雷诺通量模型等。CFX 的多相流模型可用于分析工业生产中出现的各种流动，包括单体颗粒运动模型、连续相及分散相的多相流模型和自由表面的流动模型。

（2）PHOENICS

PHOENICS 软件是世界上第一套计算流体与计算传热学商用软件，它是 Parabolic Hyperbolic Or Elliptic Numerical Integration Code Series 的缩写，这意味着只要有流动和传热都可以使用 PHOENICS 来模拟计算。

（3）STAR－CD

STAR 是 Simulation of Turbulent flow in Arbitrary Region 的缩写，CD 是 Computational Dynamics Ltd。它是基于有限容积法的通用流体计算软件，在网格生成方面，采用非结构化网格，单元体可为六面体、四面体、三角形界面的棱柱，金字塔形的锥体以及六种形状的多面体，还可与 CAD、CAE 软件接口，如 ANSYS、IDEAS、NASTRAN、

PATRAN、ICEMCFD、GRIDGEN 等，这使 STAR CD 在适应复杂区域方面有特别优势。

（4）FIDAP

FIDAP 是基于有限元方法的通用 CFD 求解器，为一专门解决科学及工程上有关流体力学传质及传热等问题的分析软件，是全球第一套使用有限元法于 CFD 领域的软件，其应用的范围有一般流体的流场、自由表面的问题、紊流、非牛顿流流场、热传、化学反应等。FIDAP 本身含有完整的前后处理系统及流场数值分析系统，对数据输入与输出的协调及应用均极有效率。

（5）FLUENT

FLUENT 软件是美国 FLUENT 公司开发的通用 CFD 流场计算分析软件，囊括了 Fluent Dynamic International、比利时 Polyflow 和 Fluent Dynamic International（FDI）的全部技术力量。前者是公认的黏弹性和聚合物流动模拟方面处于领先地位的公司，而后者是基于有限元方法 CFD 软件方面领先的公司。

## 2. FLUENT 软件的基本功能及在本模拟中的作用

FLUENT 软件设计基于 CFD 计算机软件群的概念，针对每一种流动的物理问题的特点，采用适合的数值解法在计算速度、稳定性和精度方面达到最佳。FLUENT 使用 C 语言编码，开放性好，可以应用 C 语言灵活对其内部的模型进行改变，它可以计算流场、传热和化学反应。其包含很多模块，只要判断是哪一种流场和边界就可以用已有的模型来计算。FLUENT 软件能推出多种优化的物理模型，如定常和非定常流动，层流，紊流（包括最先进的紊流模型），不可压缩和可压缩流动，传热、化学反应等。对每一种物理问题的流动特点，有适合它的数值解法，用户可对显式或隐式差分格式进行选择，在计算速度、稳定性和精度等方面达到最佳。FLUENT 将不同领域的计算软件组合起来，成为 CFD 计算软件群，软件之间可以方便地进行数值交换，并采用统一的前、后处理工具，这就节省了科研工作者在计算方法、编程、前后处理等方面投入的重复、低效的劳动，可以将主要精力和智慧用于物理问题本身的探索上。

FLUENT 软件包主要包括以下几部分：

（1）FLUENT，求解器，主要负责网格读入和网格适应，物理模型、边界条件、材料属性的选择和设定，数值计算以及数值计算结果的后处理。

（2）prePDF，FLUENT 中模拟非预混燃烧的前处理器，预先计算非预混燃烧时的化学反应部分，产生 PDF 查询表供给 FLUENT 计算流场迭代时需要的组分生成计算。

（3）GAMBIT，模拟几何体和产生网格的前处理器，可以生成多种形状的网格，对二维流动，可以生成三角形和矩形网格；对三维流动，可生成四面体、六面体、楔形和金字塔形等网格；根据具体计算，还可生成混合网格，其自适应功能能对网格进行细分或粗化，或生成不连续网格、可变网格和滑动网格。生成的几何体和网格读入 FLUENT 中，为其提供计算的物理区域。

（4）TGrid，能从已存在边界网格中产生体网格的前处理器，也是一个可以产生网格的 FLUENT 前处理器，对二维产生三角形网格，对三维产生四面体网格以及产生二维或三维混合网格。其生成的网格同样读入 FLUENT 中用于计算。

（5）导入从 CAD/CAE 工具包如 ANSYS、I－DEAS、NASTRAN、PATRAN 等产生的面和体网格的过滤器（转换器）。

FLUENT 软件已被应用在各种牵涉流体流动的领域当中，并且已经得到了大量的实验验证，包括在大量燃烧过程的实际流动中，证明其进行数值模拟的可行性和正确性。由于 FLUENT 软件包集计算域生成、网格划分、物理模型和边界条件建立于一体，可以计算流体流动、传热和化学反应，因此在巷道火灾火源区域三维数值模拟中可以使用 GAMBIT 生成几何体并划分网格，在 FLUENT 中完成网格读入检查、物理模型的选择、流体和固体材料的选择、边界条件的设定以及方程的离散化并进行迭代计算，输出计算结果，显示流场。对单一通道来说，使用 FLUENT 的默认方法即可完成通道火灾场模型的求解，但是对处于像矿井环境中这样的包含有网络系统的通道来说，则需要对场模拟中的边界条件及初始条件（主要是入口速度、出口压力、火源燃烧速率、燃料种类等）的变化进行必要的调整，这可以通过人工编写代码的方式利用 FLUENT 的 UDF（User Defined Function）功能来实现与 FLUENT 求解器的链接。

3. FLUENT 的前处理软件 GAMBIT

GAMBIT 的网格功能主要体现在以下几个方面：

(1) 完全非结构化的网格能力

GAMBIT 之所以被认为是商用 CFD 软件最优秀的前置处理器完全得益于其突出的非结构化的网格生成能力。GAMBIT 能够针对极其复杂的几何外形生成三维四面体、六面体的非结构化网格及混合网格，且有数十种网格生成方法，生成网格过程又具有很强的自动化能力，因而大大减少了工程师的工作量。

(2) 网格的自适应技术

FLUENT 采用网格自适应技术，可根据计算中得到的流场结果反过来调整和优化网格，从而使得计算结果更加准确。这是目前在 CFD 技术中提高计算精度最重要的技术之一。尤其对于有波系干扰、分离等复杂物理现象的流动问题，采用自适应技术能够有效地捕捉到流场中的细微的物理现象，大大提高计算精度。如采用自适应网格后可以有效地分析汽车后视镜附近的气流分离现象、汽车尾部的旋涡区域及发动机水套的温度场等复杂问题。FLUENT 软件具有多种自适应选项，可以对物理量值、物理量的空间微分值（如压力梯度）、网格容积变化率、壁面 y * /y + 值等进行自适应。

（3）丰富的CAD接口

GAMBIT包含全面的几何建模能力，既可以在GAMBIT内直接建立点、线、面、体的几何模型，也可以从PRO/E、UGII、IDEAS、CATIA、SOLIDWORKS、ANSYS、PATRAN等主流的CAD/CAE系统导入几何和网格。GAMBIT与CAD软件之间的直接接口和强大的布尔运算能力为建立复杂的几何模型提供了极大的方便。

（4）混合网格与附面层内的网格功能

GAMBIT提供了对复杂的几何形体生成附面层内网格的重要功能。附面层是流动变化最为剧烈的区域，因而附面层网格对计算的精度有很大影响。而且附面层内的贴体网格能很好地与主流区域的网格自动衔接，大大提高了网格的质量。另外，GAMBIT能自动将四面体、六面体、三角柱和金字塔形网格混合起来，这对复杂几何外形来说尤为重要。

（5）网格检查

GAMBIT拥有多种方便简捷的网格检查技术，使工程师能快捷地检查已生成的网格的质量。该模块可对网格单元的体积、扭曲率、长细比等影响收敛和稳定的参数进行显示。工程师可以直观而方便地定位质量较差的网格单元从而进一步优化网格。

4. FLUENT的后处理软件TECPLOT

为了方便地对FLUENT的计算结果进行定量化分析，并更好地以图形显示计算结果，采用TECPLOT对FLU-

ENT 计算进行后处理。TECPLOT 是一种绘图视觉处理，从简单的 XY 图到复杂的 3D 动态模拟，TECPLOT 可快捷地将大量的资料转成容易了解的图表及影像，表现方式有等高线、3D 流线、网格、向量、剖面、切片、阴影、上色等。

# 第四章

# 基于CFD技术的地铁火灾通风方案优化研究

在地铁运营过程中，地铁火灾是不容忽视的问题，虽然随着防灭火技术的进步和应急预案的不断完善，地铁火灾的发生成为一个小概率事件，但由于地铁系统的复杂特性，各种火灾事故仍然时常发生，一旦火灾开始蔓延，就会造成重大经济损失和人员伤亡，所以地铁火灾的预防和控制必须引起人们的重视，并在地铁系统设计阶段给予充分的考虑。

地铁火灾事故通常可以分为车站火灾和区间隧道火灾两种情况，当列车在隧道发生火灾时应力争将列车开至邻近车站疏散乘客，此时可按照车站站台火灾工况进行处理。当站台发生火灾时，应启动相应的站台火灾通风应急预案，以站台的主排烟风机配合区间辅助风机完成排烟和排热。

地铁发生火灾时高温气体流场的分布是人员能否安全撤离的决定因素。由于火灾发生的偶然性和随机性，在地铁发生火灾时，难以确定火源的位置和大小，但是可以根据国内外地铁火灾的统计数据确定易发生火灾的位置，根据火灾案例和相关实验结果确定火源大小。

自 1974 年计算流体力学（Computational Fluid Dynamics，CFD）应用于通风空调领域模拟分析以来，CFD 技术越来越多地应用于指导建筑的空调通风及火灾条件下通风模式合理性的数值模拟，对空气流场的相关参数分布进行计算机模拟研究。利用 CFD 技术，通过计算机求解流体流动所遵循的控制方程，可以获得流体流动区域内的速度、温度、组分浓度等物理量的详细分布情况，从而指导和优化火灾条件下通风方案设计。

地铁环境下人员流动密集，地下空间通风条件受到限制，一旦发生火灾，人员的安全疏散十分重要，而人员的安全疏散对流场参数分布有一定的要求，而这方面的标准和相关研究工作还存在不足。在现有条件下，如何合理安排通风方式和风机功率，利用 CFD 技术完成地铁火灾条件下烟气流动规律的数值模拟，通过分析模拟结果对人员安全疏散条件的满足情况来评价和调整通风方案，从而为人员疏散提供理论依据，成为值得深入研究的课题。

以天津下瓦房车站站台中心区域发生火灾和列车发生火灾后停靠在单层站台的情况作为研究对象，利用理论分析和 CFD 的数值模拟技术探讨通风排烟模式的合理性，建立优化防排烟系统的控制模式。

## 一、地铁火灾通风系统运行模式概述

### 1. 车站的防排烟系统

防排烟系统应该首先保证能够有效地控制烟气流动方向，使其按有利于人员疏散的方向流动，并且有足够的排烟能力将火灾产生的烟气排出。

目前地铁车站的防排烟及通风系统设置有两种方式：

（1）第一类是通风和排烟公用一套风机系统，即通风和排烟均由相同的风机、消音器、风口、风道和风亭组成，通过系统的正转和反转来实现系统的送风或者排烟。

（2）第二类是通风系统和排烟系统分设风机系统，即通风系统和排烟系统由各自独立的风机、消音器、风道、风口组成，排烟系统含风亭。

实例中地铁车站场景拟采用第一种类型的防排烟系统，即火灾发生时烟流沿平行于站台的方向流动，此时的通风系统应该采用可靠的防灭火措施，符合防排烟系统的要求，并具备发生火灾状况下的快速转换功能。

### 2. 通风系统运行模式

由于不同的车站有不同的空间布置，一般为地下两层的布局，一为站厅层，一为站台层，可在有些换乘车站，会有地下三层甚至更多层，不同的站台也有不同的模式（侧式、岛式），空调和非空调，有无屏蔽门等，这些具体的因素都会造成不同的车站通风运行模式，在多数情况下，采用的是如下两种运行模式：

（1）当车站内没有设置通风空调系统时，无论是在站台发生火灾还是在站厅发生火灾，均由车站风机排烟，同时两边区间隧道辅助送风或者排烟，这样的通风排烟模式并不能保证在发生火灾时乘客迎着新鲜风流撤离。

（2）对于车站内设置了通风空调系统的情况，当站台发生火灾时，地铁车站防排烟系统的运行模式通常是站台排烟、站厅送风，使站台的楼梯口处形成由站厅到站台的下行风，乘客由站台向站厅方向撤退。

**3．通风系统运行模式实例分析**

地铁车站的布局从线路走向可包括侧式站台与岛式站台，从结构类型可分为矩形箱式地下建筑和圆形或椭圆形隧道式建筑，从建筑布局形式可分为浅埋式和深埋式。

不同的建筑布局具有不同的通风模式，对单层岛式全地下箱体站台来说，通风系统比较简单，依靠站台主风机和区间辅助风机可以方便地完成车站的正常通风和火灾发生时的通风与排烟；而对于更加复杂的多层地下站台结构，通风系统的设计较为复杂，尤其是在火灾发生时，如何保证足够的排烟排热能力，并使风流沿着合理的方向流动，不对人员的疏散线路造成影响，是值得深入研究的问题。

下面分析在正常环境下的通风模式和在火灾发生时可能采用的通风方案。

（1）正常运营通风模式

选择新建的天津地铁下瓦房站作为典型车站，正常运营时采用站送、站排的上送下回通风方式，每个车站两端各设两个风机房，分别为送风机房和排风机房，每一机房内设有一台风机，两台风机一组分别负责半个车站的送排风，每个车站一端预留冷冻机房一处。地铁正常运营时，在保证供风要求的条件下，为了节约成本，可以靠活塞风和自然风来完成地铁系统的通风，这个时候可以关闭风机，而区间风机是在应急情况下辅助站台主风机完成通风排烟的，地铁正常运营时不开启。

对于单层车站，两端的通风机房并排设置；对于双层车站，两端的通风机房分成上下两层布置。通风系统是利用车站顶部空间设置送风道，站台板下空间作为回/排风道，共设有 80 个回/排风口，负责整个站台的排风，及时排走机车制动摩擦铁轨产生的热量，形成上送下回的均匀送、排风，构成站送、站排的通风形式。

对于双层车站，环控通风系统由站厅、站台两部分组成，站台层利用站台层顶部空间设置送、排风道，站台板下空间作为回/排风道；站厅层利用站厅层顶部空间设置送、排风道，形成上送下回的均匀送、排风，构成站送、站排的通风方式。

本实例中重点研究火灾发生时站台空间的流场分布，以及根据流场参数对人员疏散条件的满足情况调整通风模式，对正常运营情况下通风模式对站台环境控制的影响不作分析。

(2) 火灾条件下可能的通风模式

在正常的通风模式下，站台风机可以利用站台两侧的两个风道对站台实施一推一拉的通风方式，或者在每天的某个时段停止风机的运行，以列车运行所产生的活塞风来完成地铁系统的通风换气，从而节约运营成本。在火灾发生时，根据火灾发生的位置和火源功率的大小不同，地铁运营系统会启动不同的应急通风模式，对于站台火灾问题，选取最佳的通风方式首先应该满足如下两个基本原则。

1）从进出口来的风要保证一定的速度，以有效压制烟气的扩散，保证人员撤离通道安全。

2）尽可能不要让烟过多扩散进入周围隧道，否则这将会为后期周围隧道烟气处理带来麻烦。

以天津地铁下瓦房站站台区域通风示意图为例，讨论在火灾发生时可能的通风模式。其中虚线表示自由入口面，实线表示风机出口或入口，箭头表示风流方向。

如图 4—1 所示，在这种通风模式下，站台主风机和区间辅助风机都进行排烟，以确保热量和烟气的迅速排出，这样的排烟模式能保证楼梯口（inlet1、inlet2、inlet3）有足够的向下风速，但由于排烟出口过多，而全部新鲜风都由三个楼梯通道补充，容易造成楼梯通道风速过大。当站台中部区域发生火灾时，由于两侧对称的排烟风机在站台中部形成压力的相对平衡，造成火源附近风速偏低，引起热量的局部积聚，影响人员的安全疏散，通过实际的模拟结果分析也验证了这些问题。

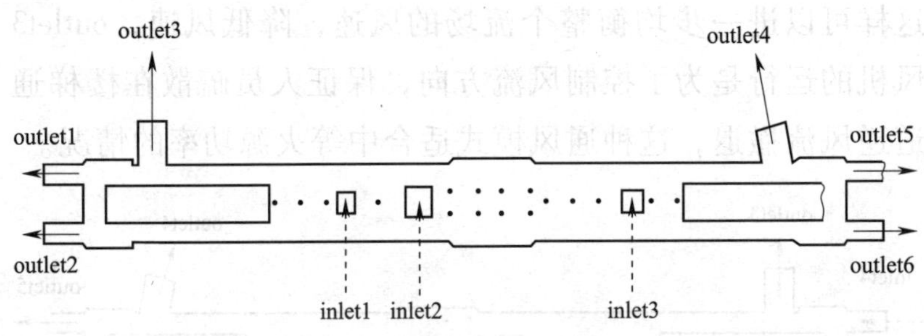


图 4—1　主风机和辅助风机都排烟的通风模式

如图 4—2 所示，采取站台风机排烟，两侧辅助风机一推一拉的通风模式，这种通风方式可以均匀增加站台的平均纵向风速，有效减少楼梯口处过大的向下风速。不利之处在于会有相当多的烟气被排入隧道，同时在推拉的排烟模式下，会引起整个流场的风速偏大，在非固定火源的情况下，可能会加快火势的蔓延，而且在这种排烟模式下，难以保证 inlet1 的风流方向，可能造成楼梯通道风流从站台流向站厅，这种通风模式会在列车端部着火并且火势较大时采用。

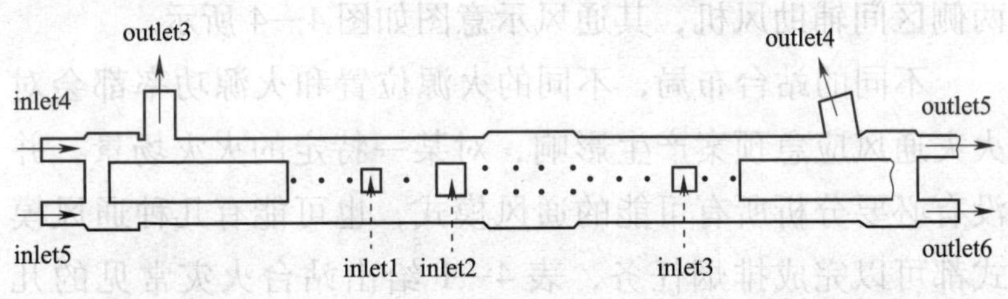


图 4—2　主风机排烟、辅助风机一推一拉通风模式

如图 4—3 所示，左侧区间辅助风机停止运行，而采取站台主风机和另外一侧区间辅助风机排烟的通风模式，这样可以进一步均衡整个流场的风速，降低风速，outlet3 风机的运行是为了控制风流方向，保证人员疏散在楼梯通道逆风流撤退，这种通风模式适合中等火源功率的情况。

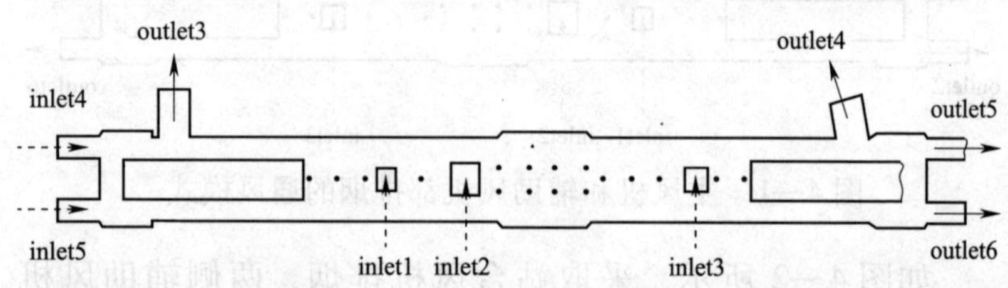


图 4—3　主风机排烟、辅助风机一侧排烟一侧停机的通风模式

地铁发生较大规模火灾的概率比较小，一般是由列车机电事故或者供电线路的老化引起的局部火灾，火源功率比较小，只要迅速采取行动，在火灾蔓延之前采用有效的手段和防灭火措施，完全可以把火灾损失减少到最小。对及时发现的小型火灾，如果采用站台辅助风机配合排风的方案，容易把烟气抽到隧道中，给地铁系统恢复运行带来不便。这种情况下可以仅仅利用站台主风机排风，而关闭两侧区间辅助风机，其通风示意图如图 4—4 所示。

不同的站台布局，不同的火源位置和火源功率都会对火灾通风应急预案产生影响，对某一特定的火灾场景，并没有必要分析所有可能的通风模式，也可能有几种通风模式都可以完成排烟任务，表 4—1 给出站台火灾常见的几种通风模式。

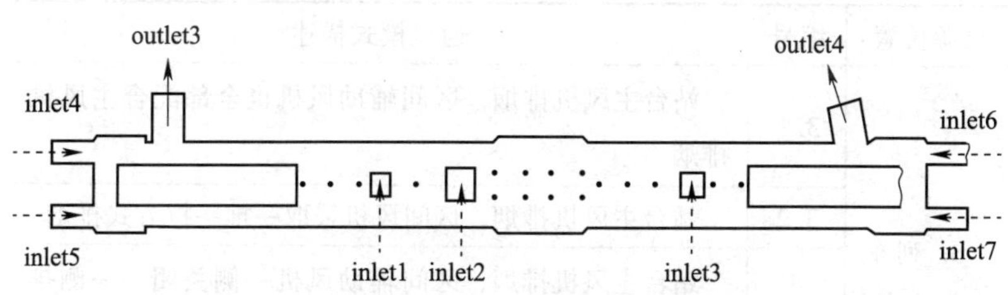


图 4—4　主风机排烟、辅助风机关闭的通风模式

**表 4—1　不同火源位置的地铁火灾通风模式**

| 火源位置 | 编号 | 通风模式描述 |
| --- | --- | --- |
| 1. 站台中心区域火灾 | 1.1 | 站台主风机排烟，区间辅助风机也全部配合主风机排烟 |
| | 1.2 | 站台主风机排烟，区间风机采取一推一拉方式排烟 |
| | 1.3 | 站台主风机排烟，区间辅助风机一侧关闭、一侧排烟 |
| | 1.4 | 站台主风机排烟，区间风机全部关闭 |
| | 1.5 | 站台主风机关闭，两侧区间风机排烟 |
| 2. 列车头部火灾与列车尾部火灾 | 2.1 | 着火端辅助风机和主风机排烟，关闭另一侧主风机和辅助风机 |
| | 2.2 | 着火端辅助风机和主风机排烟，另一端辅助风机送风 |
| | 2.3 | 着火端辅助风机和主风机排烟，另一端主风机送风 |
| | 2.4 | 着火端辅助风机和主风机排烟，另一端主风机和辅助风机送风 |
| | 2.5 | 着火端主风机排烟，关闭其他风机 |

续表

| 火源位置 | 编号 | 通风模式描述 |
|---|---|---|
| 3. 列车中部火灾 | 3.1 | 站台主风机排烟，区间辅助风机也全部配合主风机排烟 |
| | 3.2 | 站台主风机排烟，区间风机采取一推一拉方式排烟 |
| | 3.3 | 站台主风机排烟，区间辅助风机一侧关闭、一侧排烟 |
| | 3.4 | 站台主风机排烟，区间风机全部关闭 |
| | 3.5 | 站台主风机关闭，两侧区间风机排烟 |
| 说明 | 假设站台两侧有两个排风通道，并分别配备运行风机和备用风机，每侧区间各有一台排烟风机和备用风机。通风模式假设在站台中部发生火灾时，站台主排烟风机全部开启排烟，以辅助风机调整排烟效果 | |

## 二、地铁火灾的火源位置及功率

### 1. 火源位置

地铁火灾的火源点比较难确定，可能是由机电事故引起的列车着火或者供电线路引起的局部着火，也可能是乘客的行李着火。近几年，恐怖袭击和人为纵火引起的火灾在重大地铁火灾事故中的比例越来越大，由于人为纵火或者恐怖袭击引起的火灾火势较大，并且具有相当的隐蔽性和突发性，使得火灾预防和应急控制变得更加困难，应该引起安全部门及地铁安全消防部门的足够重视。根据对世界范围内地铁事故的调查统计，对地铁主要的起火位置做了统计分析，表 4—2 为地铁火灾、爆炸、毒气等火灾相关事故发生在不同位置时的预先危险分析表。

**表 4—2　　火灾相关危险因素预先危险分析表**

<table>
<tr><th>危险因素</th><th>可能发生位置</th><th>可能原因</th><th>事故后果</th><th>危险等级</th></tr>
<tr><td rowspan="4">火灾<br>爆炸<br>毒气</td><td>列车上</td><td>车辆电路短路等列车故障，车厢内可燃物着火，人为纵火，恐怖袭击</td><td>设备损失，中断运营，人员伤亡</td><td>Ⅳ</td></tr>
<tr><td>车辆段</td><td>维修设备时违章作业，电气火灾</td><td>设备损失，人员伤亡</td><td>Ⅲ</td></tr>
<tr><td>车站</td><td>车站内的电气设备故障，乘客携带危险品、抽烟等，违规商业网点发生火灾，人为纵火，恐怖袭击</td><td>设备损失，中断运营，人员伤亡</td><td>Ⅳ</td></tr>
<tr><td>隧道</td><td>隧道电缆着火，隧道内电气设备故障起火，隧道内可燃物着火</td><td>设备损失，人员伤亡</td><td>Ⅲ</td></tr>
</table>

可以看出，地铁火灾造成人员伤亡最严重的地点在列车上，其次在车站内，由于实例研究的对象为地铁车站的站台区域，参考国内外实际的地铁火灾资料，可能的火源位置为列车车头、列车车尾、列车中部、站台中央，实例以地铁站台区域火灾为例，对比分析不同火源功率对站台烟流流场分布的影响，并对特定火源功率条件下地铁站台

通风方案进行优化。

不同的位置发生火灾的频率和危害程度是不同的，不同位置发生火灾时所造成的人员伤亡百分比，如图 4—5 所示。

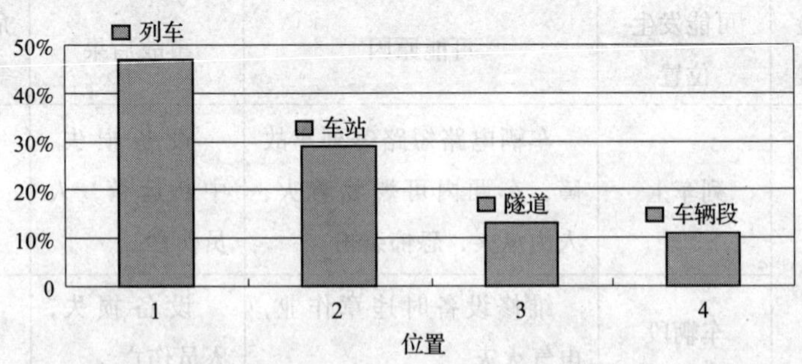


图 4—5　地铁不同位置火灾人员伤亡百分比

2. **火源功率**

地铁环境是一个人员密集、流动性大的地下空间，可燃物来源复杂，并且火灾一旦蔓延，容易引起连锁反应，而地下空间人员疏散不畅、排烟困难，容易造成大规模的人员伤亡。

地铁火灾的可燃物主要来自以下几个方面：

(1) 列车车体

在发生火灾时，列车车厢、座椅、绝缘线路等都是可能燃烧并释放大量有毒烟气的可燃源。尽管现代列车大量采用了阻燃材料，但是在火灾高温的作用下，这些物质会释放有毒有害气体。

(2) 乘客行李

乘客随身携带的危险品，包括易燃易爆的化学品、可燃的纺织品等，都是可能引发火灾的火源点。

（3）电气设备

由于管理不善或者老化造成的电气线路短路起火在地铁运营中也时有发生，但由于可燃材料较少，只要发现及时，措施得当，一般不会造成重大人员伤亡。

（4）人为纵火和恐怖袭击

这种情况下，一般火势比较迅猛，或者产生剧烈的爆炸，也可能人为释放剧毒气体，容易造成重大人员伤亡。

由于试验条件的限制，国内外还没有能够建立针对地铁火灾的不同可燃物的燃烧功率数据库。据国外的相关试验研究，乘客行李燃烧时平均热释放功率为 2 ~ 5 MW，而列车车厢着火的热释放功率为 10 ~ 20 MW。实例模拟时针对站台中心区域发生火灾的情况，假设火源为乘客的行李着火，热释放功率保守地分别设置为 5 MW、10 MW 两种情况。

## 三、人员安全疏散判定条件

### 1. 温度条件

地铁发生火灾后由于地下空间散热条件的限制，容易产生高温气流，如果产生的高温气流切断人员安全疏散的通道而中断疏散的有效进行，会造成大范围的人员伤亡。

实验表明，受限空间火灾中，存在着可燃物着火、火焰、羽流、热气层（及顶棚射流）、壁面影响和开口等多个过程。在受限空间这种特定条件下，由于可燃物燃烧而产生了火焰和高温烟气，加热该建筑空间的各个壁面。

燃烧产生的热量由导热传递的热量所占的比例不大，而室内空间的温度（及壁面内表面的温度）由于可燃物的持续燃烧将继续升高。同时，火焰、热气层和壁面又以对流和辐射的方式把热量返送给可燃物，从而加剧了可燃物的气化（热分解）和燃烧，使室内温度越来越高、燃烧面积越来越大。

由于火灾发展蔓延迅速，气体温度在短时间内可达到几百摄氏度。空气中的高温能损伤呼吸道，若再加上潮湿，造成的损害更为严重。相关试验显示，当火场温度达到50℃时，吸入人体的空气能使血压迅速下降，导致循环系统衰竭。如果吸入气体的温度超过70℃，就会使气管、支气管内黏膜充血起水泡，组织坏死，并引起肺水肿而窒息死亡。人在100℃环境中即出现虚脱现象，丧失逃生能力，严重的会造成死亡。

实例研究的对象为地铁站台火灾，对人员的安全疏散时间有安全规程的要求，假设人员滞留地铁火灾环境下的时间不会太久，即人员在疏散时间内，可以在70℃以下的环境实现安全撤离火场，对人可迅速穿过的疏散通道局部区域，允许温度为70~90℃。基于上述分析，实例拟定的人员安全疏散温度判定条件为：

（1）在人的平均高度（1.7 m）下，距离火源点10~15 m处的整体温度不得高于70℃，该位置的局部区域在人员通过时允许温度为90℃。

(2) 高于70℃的跨断面流场不得切断人员安全疏散通道，即人员从疏散位置到达通往站厅层楼梯的途中不得被高于70℃的高温气流阻断。

(3) 重要的逃生关键通道即连通站台和站厅楼梯的截面温度不得高于70℃。

值得注意的是，由于火灾环境下，高温气流总是浮于建筑空间的上部，所以上述温度的设定均是人的平均高度，而在这个高度下温度应低于这个设定值。由于人员在撤离时，身体高度是可以调整的，故1.7 m的高度是偏于保守的。

2. **浓度条件**

火场中可燃物燃烧消耗氧气，同时产生毒气，大量的有毒气体不仅直接使人中毒，也造成空气中氧浓度降低，而氧气浓度的下降会使人的分析、判断能力下降。大量的火灾事故统计分析表明，发生火灾时造成人员重大伤亡的最重要原因并不是高温火焰，而是燃烧物在燃烧时释放的大量有毒有害高温烟气致使人员中毒，从而造成被困人员丧失逃生的能力。

火灾中可燃物燃烧产生的大量烟雾中的气体（CO、$CO_2$、HCl、$NO_X$、$H_2S$、HCN、$COCl_2$）对人体的毒害作用很复杂。这些毒性气体对人体有麻醉、窒息、刺激等作用，损害中枢系统、呼吸系统和血液循环系统，在火灾发生时严重影响正常呼吸和逃生，直接危害生命安全。

实例中火源的材料选择的是汽油组分，燃烧产物包括多种成分，为了方便分析比较，在浓度条件的判定中选用CO作为分析例证，大量的火灾实例表明，CO是造成火灾中人员中毒的主要原因。

CO是火灾生成气体中危害最大的一种。人体血红蛋白与CO的结合能力远强于与氧的结合能力，人体吸入CO，血红蛋白失去与氧的结合能力导致人因缺氧而死亡。常用血红蛋白失去与氧结合能力的程度，即血红蛋白饱和程度来描述CO对人体的危害程度。图4—6说明了不同浓度的CO对人体的危害。

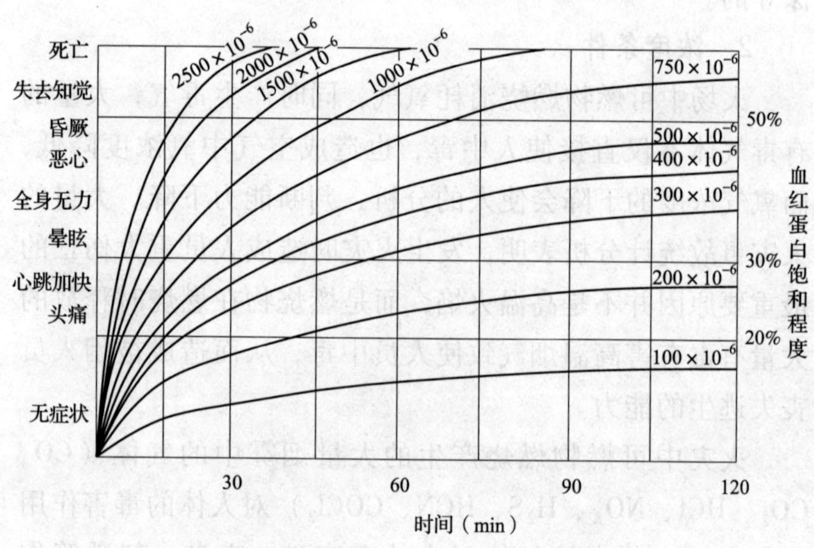


图4—6　不同浓度CO对人体的危害

从图中可以看出，CO对人员的伤害不仅取决于空气中CO的浓度值，也取决于人员在此浓度环境下滞留的时间，由于汽油燃烧在产生 CO 的同时，也产生其他的有害气体，所以在以 CO 的浓度作为浓度判定条件时尽量考虑留有一定的弹性空间，即认为在人呼吸的特征高度 (1.7 m) 条件下，CO 浓度达到 $1\ 000\times10^{-6}$ 时被视为无法完成安全疏散，这相当于人在这种浓度下滞留 30 min 感到全身无力和恶心的程度。

实例中拟定的浓度判定条件为：

(1) 在疏散时间内，距离火源 10 m 外，浓度为 $1\ 000\times10^{-6}$ 的烟气不能沉降到平行站台 1.7 m 的高度。

(2) 在疏散时间内，达到临界浓度（$1\ 000\times10^{-6}$）的烟气比较顺利地流向排风口，由车站风机或者隧道风机排走，不能从车站出入口排出。

由于不同的燃烧材料其燃烧产物也不一样，而仅以 CO 浓度作为判定依据是不够全面的，理想的做法是找到一种等效气体来取代混合烟气，但由于理论基础和实验条件的欠缺，实例没有继续研究。

另外，不同的燃烧材料烟气生成量也不一样，在富氧燃烧条件下，塑料制品、有毒有害的化学物质其烟气产生速率要远高于烷烃类物质，所以烟气浓度计算机模拟结果在很大程度上取决于火源材料的选取。

**3. 出入口风向及风速条件**

地铁火灾可能发生在隧道，也可能发生在站台，当列车着火滞留在隧道时，人员的疏散线路较长，人员的安全疏散也变得困难，所以当列车发生火灾时，只要有可能，总是立即停靠在最近的站台以方便人员疏散，除非列车因为故障无法运行。实例研究的起火位置是地铁站台区域，即假定列车火灾时，总是可以在站台停靠。当地铁站台发生火灾时，人员的撤离路线如图4—7所示。

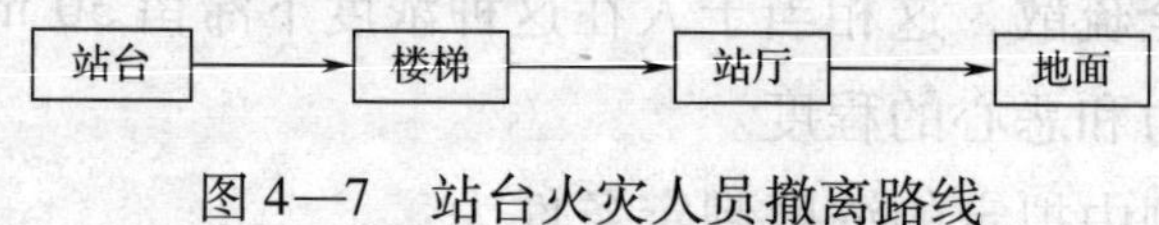


图4—7　站台火灾人员撤离路线

楼梯通道成为人员安全疏散的必经之路，为了确保人员的安全疏散不被阻断，地铁火灾应急预案规定，站台发生火灾时，必须保证楼梯口的风流方向是从站厅流向站台，即人逆着风流方向撤离火场，并且楼梯口的风速不得小于1.5 m/s。

国外的相关研究表明，火灾发生时由于存在着热空气的浮力效应，容易产生烟气的回流现象，阻止产生回流需要风速大于一个临界风速。临界风速的大小受不同因素的影响，包括通道的物理尺寸、火源功率、壁面参数以及通道倾角等，由于楼梯的倾角较大，有学者的研究表明，在一定的火源功率下，有效阻止回流产生的临界风速甚至可以达到3 m/s，在距离楼梯较近的区域发生火灾，1.5 m/s的风速大小难以保证风流不会发生逆转。

在所有的风机均开启排烟的时候，由于在较大的负压作用下，在楼梯通道容易引起强烈的湍流效应，并有较大的风速，而人对风速上限的承受标准也是有限度的，风速与风力等级的关系见表4—3。

表 4—3　　风速与风力等级关系

| 风力等级 | 相当风速（m/s） | 对地面物体的影响 |
| --- | --- | --- |
| 0 | 0 ~ 0.2 | 静烟直上 |
| 1 | 0.3 ~ 1.5 | 烟能表示风向，树叶略有摇动 |
| 2 | 1.6 ~ 3.3 | 人脸感觉有风，树叶有微响，旗子开始飘动 |
| 3 | 3.4 ~ 5.4 | 树叶及小枝摇动不息，旗子展开，高的草和庄稼摇动不息 |
| 4 | 5.5 ~ 7.9 | 能吹起地面的灰尘和纸张，树枝摇动，高的草和庄稼波浪起伏 |
| 5 | 8.0 ~ 10.7 | 树叶及小枝摇摆，高的草和庄稼波浪起伏明显 |
| 6 | 10.8 ~ 13.8 | 大树枝摇动，撑伞困难，高的草和庄稼不时倾伏 |
| 7 | 13.9 ~ 17.1 | 全树摇动，大树枝弯下，迎风步行感觉不便 |
| 8 | 17.2 ~ 20.7 | 折断小树枝，人迎风前行感觉阻力很大 |
| 9 | 20.8 ~ 24.4 | 草房遭受破坏，房瓦被掀起，大树枝可折断 |
| 10 | 24.5 ~ 28.4 | 树木可被吹倒，一般建筑物遭破坏 |
| 11 | 28.5 ~ 32.6 | 大树可被吹倒，一般建筑物遭严重破坏 |
| 12 | >32.6 | 陆上少见，其破坏力极大 |

由表 4—3 可以看出，当风力达到 7 级以上时，人迎风逆行会感觉困难，这时候的风速大小为 13.9 ~ 17.1 m/s，地铁安全规程规定应急通风模式启动时，流场风速不得大于 11 m/s。

综合考虑这些因素，实例对楼梯口风向及风速的判定条件设定如下：楼梯通道的风向保证从站厅流向站台；风速不得低于2 m/s；风速上限不应超过常人逆风行走所能承受的范围，实例风速上限设定为11 m/s。

## 四、基于CFD技术的地铁站台火灾通风系统优化模式

地铁发生火灾时影响流场分布及高温气体流动规律的变量包括物理模型、火源大小、火源位置、通风模式和风机功率。而在实际的工程应用中，总是在一个固定的场景下对火灾发生时的流场规律进行模拟，物理模型是不可以控制的，而火源的大小和位置由于具有很大的随机性，也是不容易被控制的，实例的数值模拟分析是在一个假定的地铁火灾场景模式下对于不同的火源大小作分析比较，对于设定的火源大小和火源功率，进行基于CFD技术的地铁火灾通风模式的评价和优化。

在一种设定的火源条件下，通风方式和风机功率是可以人为改变和控制的，实例是在特定的场景模式下，即在给定的火源位置和火源功率条件下，通过改变通风方式和风机功率来模拟地铁环境下的火灾烟气流动规律，以人员安全疏散的判定条件为标准，判断各种通风模式下人员疏散的安全性，并根据判定的结果，调整和改善通风方案，达到对不同的通风模式进行合理性判定和通风模式优化的目标。基于CFD技术对地铁火灾通风模式进行评价和优化

的研究对制定更为合理的地铁火灾通风预案，有效组织人员安全疏散有重要的意义。

采用流程控制图 4—8 可以更清楚地说明通过计算机数值模拟技术对地铁火灾通风方案的优化和评价的思想。

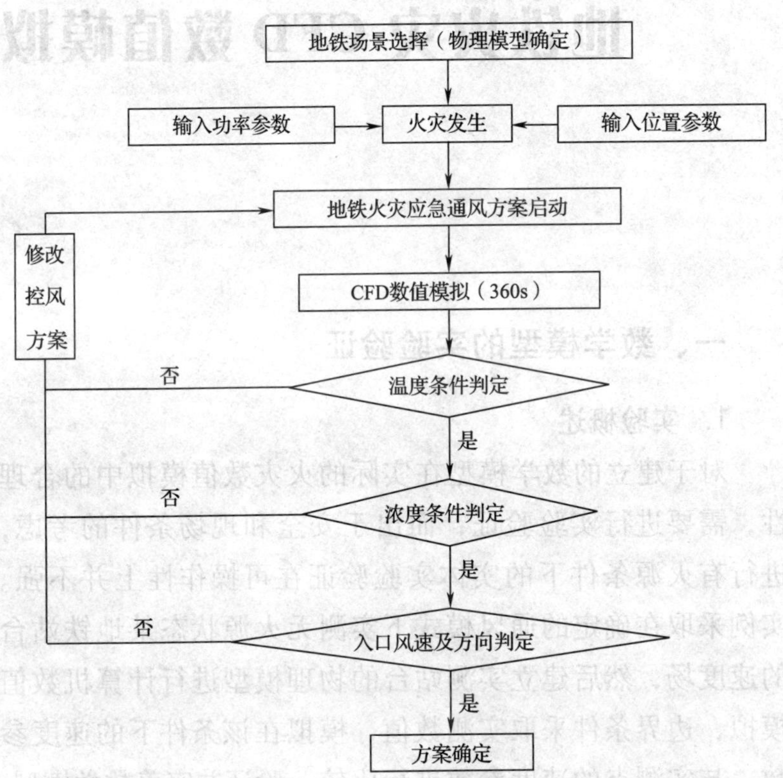


图 4—8　地铁火灾通风模式优化控制

# 第五章

# 地铁火灾 CFD 数值模拟

## 一、数学模型的实验验证

### 1. 实验概述

对于建立的数学模型在实际的火灾数值模拟中的合理性，需要进行实验验证，而出于安全和现场条件的考虑，进行有火源条件下的实体实验验证在可操作性上并不强。实例采取在确定的通风模式下实测无火源状态某地铁站台的速度场，然后建立实测站台的物理模型进行计算机数值模拟，边界条件采取实测数值，模拟在该条件下的速度参数，与实测点的速度参数进行比较，验证并完善数学模型，把经过实验验证的数学模型应用于地铁火灾数值模拟。

### 2. 实验过程

由于所研究的车站是在一个复杂的地铁网络中，不能孤立地看待，且受到现阶段计算机能力等客观条件的限制，对整个地铁系统进行场模拟难以实现，通常的做法是把需要模拟的车站和区间隔离出来进行研究。理论上讲，只有给定所有与外界相通状态的相关参数（包括流速、压力、温度等），模拟计算才可以进行。

由于火灾条件下现场实验牵涉地铁运行系统的多个环节和部门，进行有火源条件下的实体实验安全性难以保证，组织协调工作难度很大，甚至影响地铁的运营，所以研究中采用在地铁正常运营通风模式下的边界条件，通过对计算机模拟得到的温度和速度值与实测值的比较来验证模型的合理性。

实测地铁火灾烟气流动的站台选择北京地铁积水潭车站，时间选择在地铁停止运营后（23 点到第二天早上 4 点），实验过程得到地铁相关部门的支持，并获得了车站关键部位的速度、温度、压力分布等参数，为数值模拟的边界条件设置和模型的实验验证提供依据。实测车站模型示意图如图 5—1 所示。

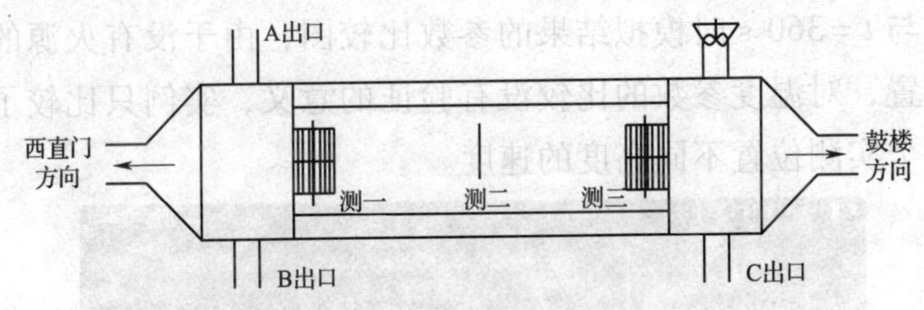


图 5—1　实测车站模型示意图

如图 5—1 所示，实测中分别在出入口实测站台的边界条件，在站台的楼梯口和站台中心区域布置三处测量位置，分别测量在固定的通风方式下不同高度的温度参数和速度参数。

### 3. 实测值与计算机模拟结果的对比分析

数值模拟验证过程首先应用 CFD 的前处理软件 GAMBIT 建立积水潭车站的物理模型，模型尺寸以实际的车站工程图为标准，经过合理的简化和假设，建立物理模型如图 5—2 所示。

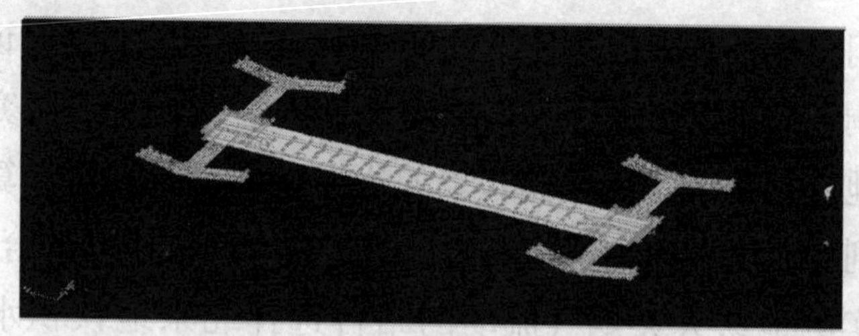

图 5—2 实测站台的物理模型

模拟的边界条件采用实测参数，没有火源设置，图 5—3 是在 0 ~ 360 s 对站台中心纵切面的速度积分曲线，由面积分曲线可以看出，计算机数值模拟流场在 180 s 后达到稳定。

图 5—4、图 5—5、图 5—6 为在三个实测位置处实测值与 $t = 360$ s 时模拟结果的参数比较图，由于没有火源的设置，对温度参数的比较没有验证的意义，实例只比较了三个实测位置不同高度的速度。

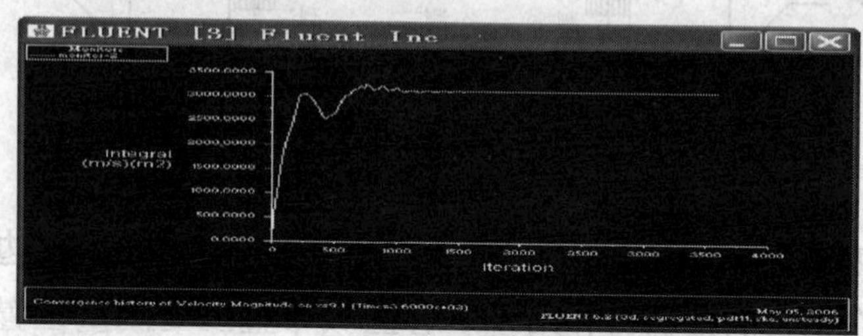


图 5—3 计算机模拟收敛曲线图

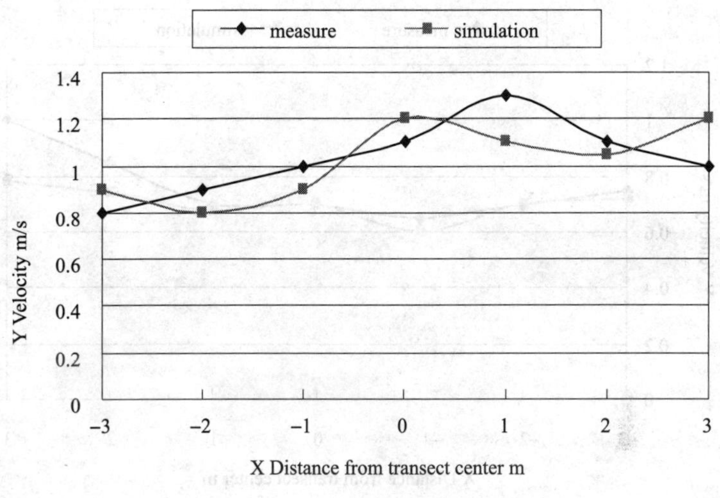


a）2.5m高度处的速度

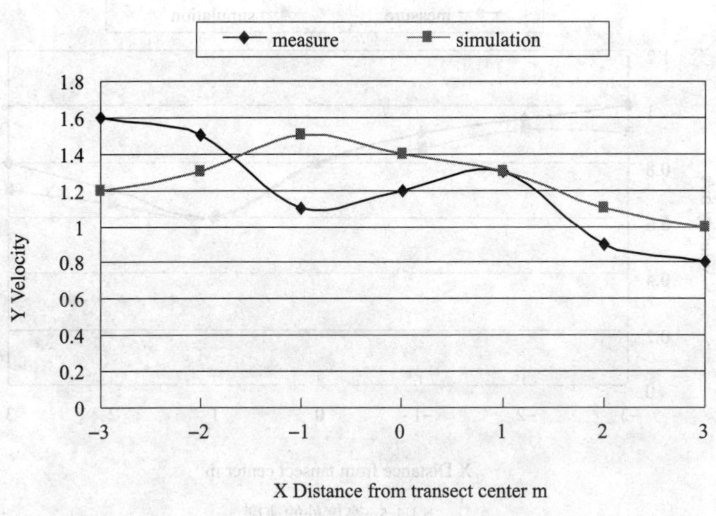


b）1.5m高度处的速度

图 5—4　测一位置不同高度处的速度比较

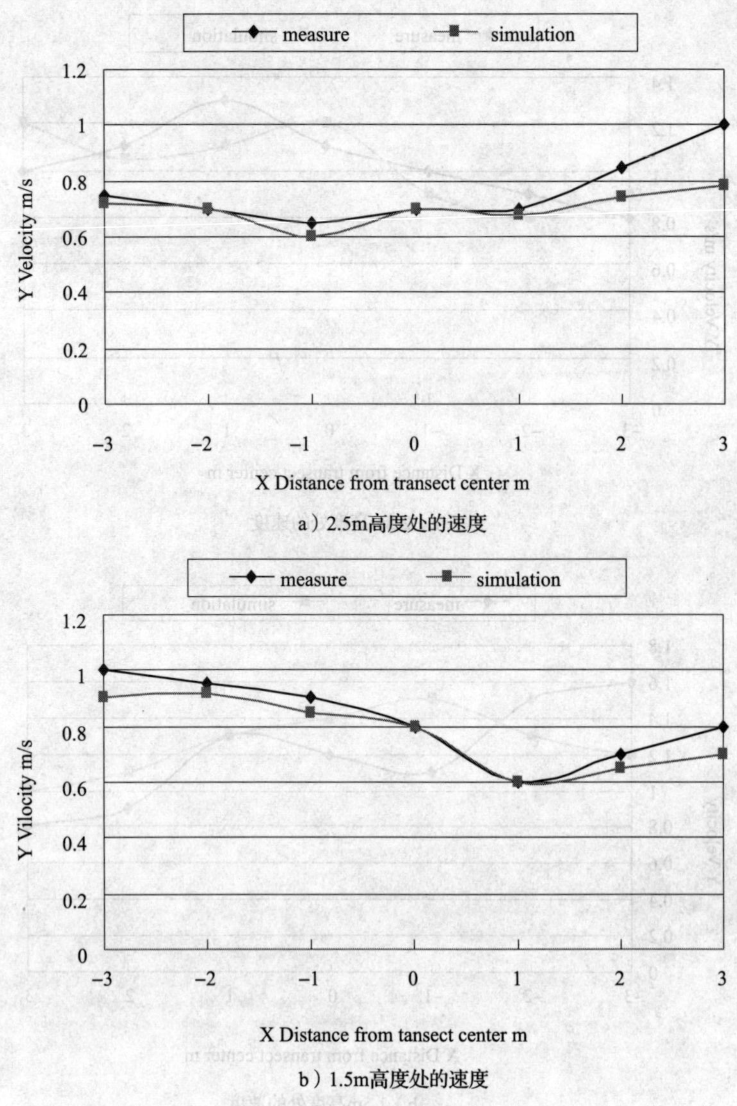


a）2.5m高度处的速度



b）1.5m高度处的速度

图 5—5　测二位置不同高度处的速度比较

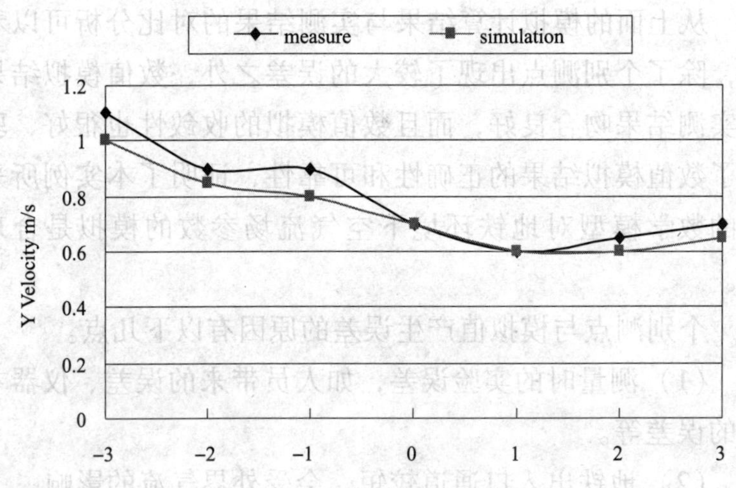


a）2.5m高度处的速度

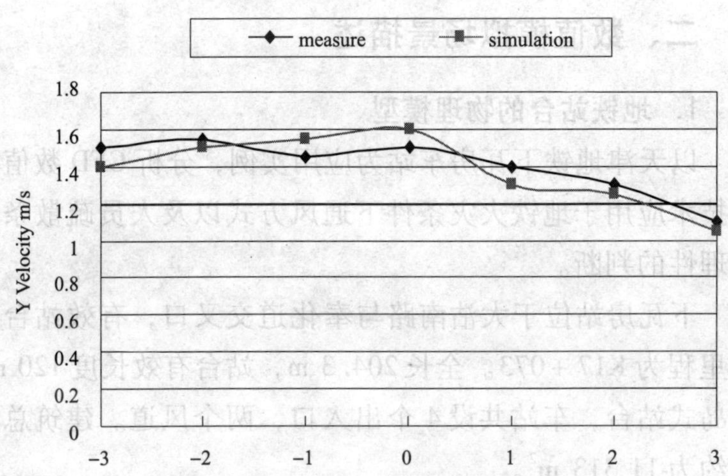


b）1.5m高度处的速度

图 5—6　测三位置不同高度处的速度比较

从上面的模拟计算结果与实测结果的对比分析可以看出，除了个别测点出现了较大的误差之外，数值模拟结果与实测结果吻合良好，而且数值模拟的收敛性也很好，验证了数值模拟结果的正确性和可靠性，证明了本实例所采用的数学模型对地铁环境下空气流场参数的模拟是合理的。

个别测点与模拟值产生误差的原因有以下几点。

（1）测量时的实验误差，如人员带来的误差、仪器本身的误差等。

（2）地铁出入口通道较短，会受外界气流的影响。

（3）风机实际运行的不稳定性。

## 二、数值模拟场景描述

### 1. 地铁站台的物理模型

以天津地铁下瓦房车站为应用实例，分析 CFD 数值模拟技术应用于地铁火灾条件下通风方式以及人员疏散条件合理性的判断。

下瓦房站位于大沽南路与奉化道交叉口，有效站台中心里程为 K17 + 073。全长 204. 3 m，站台有效长度 120 m，为岛式站台，车站共设 4 个出入口，两个风道。建筑总面积约为 11 313 $m^2$。

车站主体结构形式标准段为地下双层双跨，两端设备段为双层三跨，北端端头并为单层三跨，南端端头并为双层三跨。换成结点为三层三跨钢筋混凝土矩形框架结构，采用地下连续墙结构围护。

车站站台区域的物理模型如图 5—7 所示。

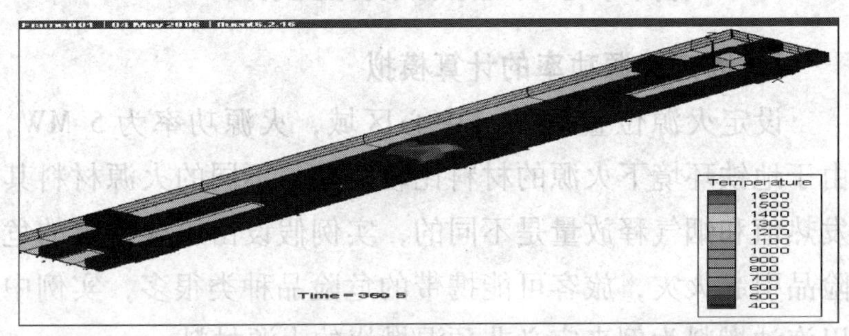


图 5—7　下瓦房车站站台空间物理模型

2. **边界条件与火源参数**

站台中部火灾主要由旅客的行李或者商业网点引起，一般火源功率不会很大，据国外相关实验分析，一般旅客携带的行李包裹燃烧时火源功率为 2 ~ 5 MW，实例为了便于分析比较，分别对比 5 MW 和 10 MW 两种情况下的计算机模拟效果。

不同列车种类车体着火其热释放速率的差别也很大，国外的实体实验表明，单节列车完全着火时的火源热释放速率一般为 10 ~ 15 MW，一般不会高于 20 MW。但在发生更大的火势蔓延时，会产生更大的火源功率，比如韩国大邱地铁火灾，两列列车在一个站台发生火灾，并引起更大的火灾蔓延，造成重大人员伤害。

地铁发生火灾时主要由站台的主风机配合区间的辅助风机进行排烟排热，不同的排烟方式决定了不同的边界条件，对数值模拟的影响很大。

## 三、站台中心区域火灾数值模拟

### 1. 固定火源功率的计算模拟

设定火源位置为站台中心区域，火源功率为 5 MW，由于地铁环境下火源的材料比较复杂，不同的火源材料其发热值和烟气释放量是不同的，实例假设由旅客携带的危险品引起火灾，旅客可能携带的危险品种类很多，实例中以汽油燃料为例来定义非预混燃烧的火源材料。

为保证人员能够在楼梯通道逆风流方向撤离，并保证火源释放的热量和烟气被迅速排出，应急通风方式设定为站台主风机和两侧站间辅助风机同时排风，风机全压为 500 Pa。通风模式示意图如图 5—8 所示，实线箭头代表风机开启，虚线箭头代表楼梯入口，火源位于站台中心区域。

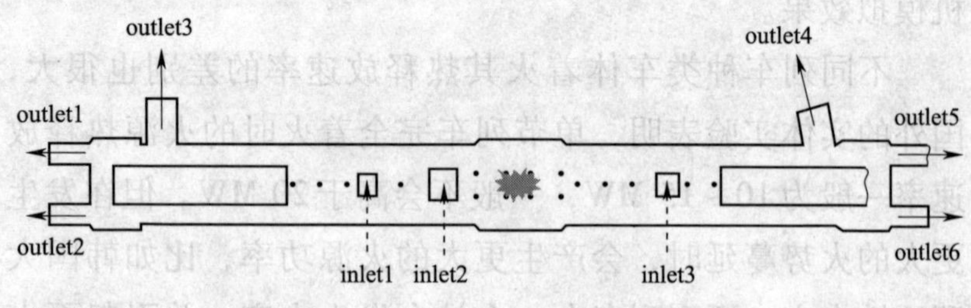


图 5—8　通风模式示意图

在如下的分析中，除了风流入口的断面，其他截面参数曲线图均指距离站台平面 1.7 m 高度的值，因为人的平均身高在 1.7 m 左右，高温气体和烟气层在浮力的作用下，会浮于站台的顶部，以 1.7 m 高度作分析，是假定在这个高度上如果满足安全疏散条件，更低的高度应该也满足要求。由于模型零点坐标在轨道面上，站台平面标高 1.4 m，所以此时 Z = 3.1 m。

（1）*Z* = 3.1 m 切面处的速度场和温度场分布图（见图 5—9）

在距离站台平面 1.7 m 的切面上，没有出现大范围的高温区域，在局部区域由于边界条件的设置和楼梯柱子的影响，产生了较高的风速。人对温度、浓度的反应比较敏感，对高于 70℃ 的温度所能承受的时间很短，可以对特定的位置上的参数值作定量化的分析。

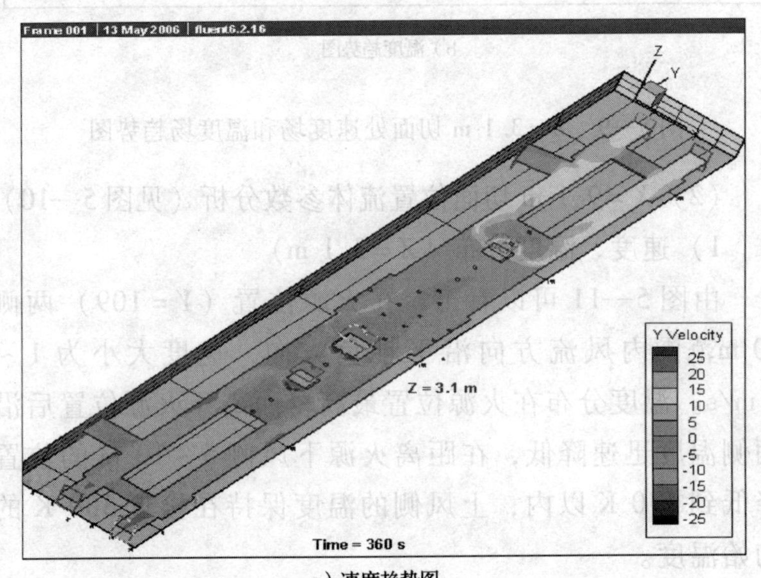


a）速度趋势图

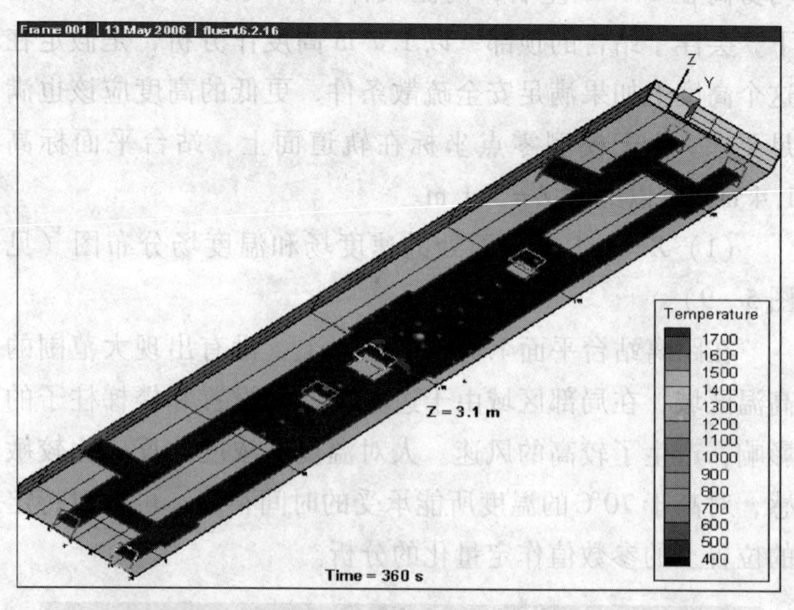


b）温度趋势图

图 5—9　$Z=3.1$ m 切面处速度场和温度场趋势图

（2）$X=9.1$ m 切面位置流体参数分析（见图 5—10）

1）速度、温度分布（$Z=3.1$ m）

由图 5—11 可以看出，在火源位置（$Y=109$）两侧 10 m范围内风流方向沿 $Y$ 轴负方向，速度大小为 1 ~ 3 m/s。温度分布在火源位置最高，而离开火源位置后沿两侧温度迅速降低，在距离火源下风侧 5 ~ 10 m 的位置降低到 370 K 以内，上风侧的温度保持在接近 300 K 的初始温度。

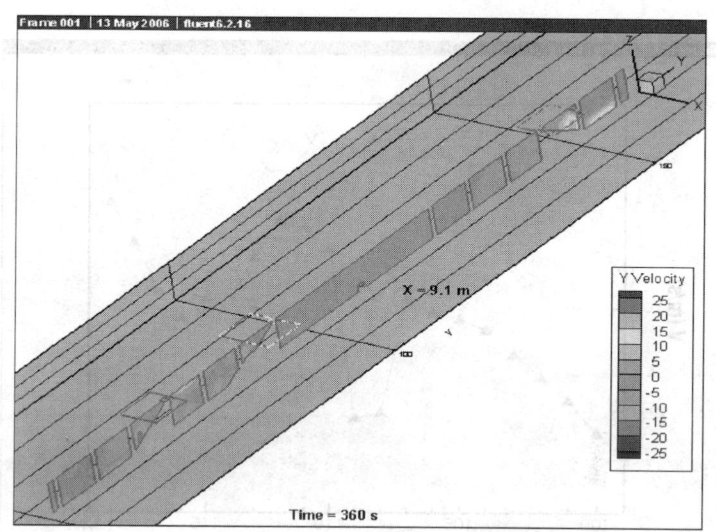


a）速度趋势图

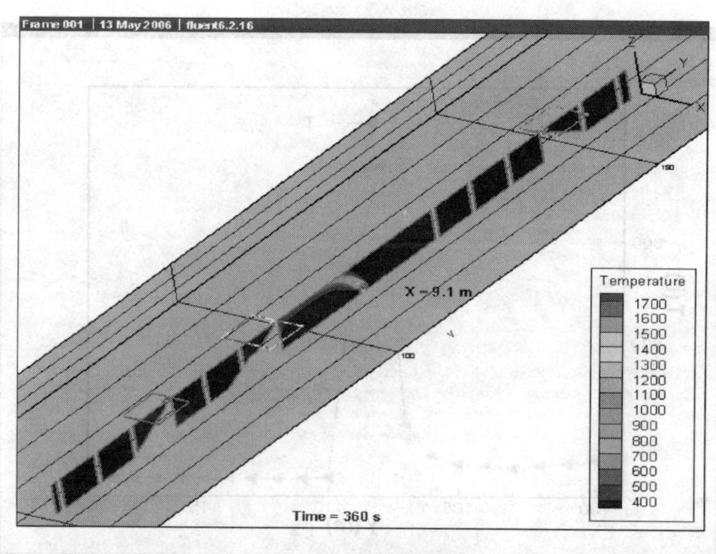


b）温度趋势图

图 5—10　$X=9.1$ m 切面位置速度和温度趋势图

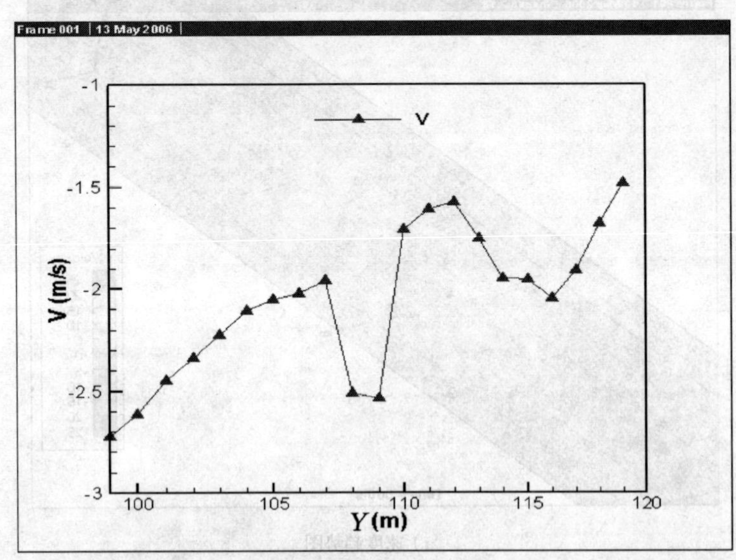


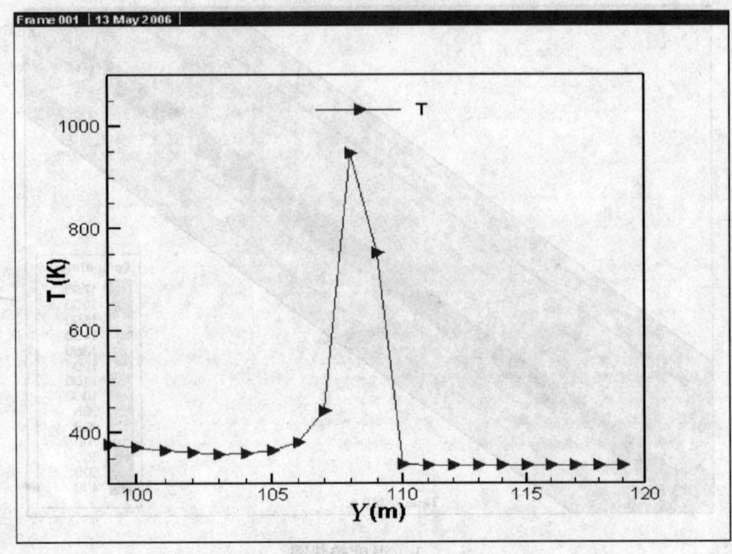


图 5—11　$X=9.1$ m 切面的速度和温度分布

2）浓度、压强分布（$Z$ = 3.1 m）

如图 5—12 所示，由于实例的燃料是汽油，在富氧燃烧条件下，烟气的释放速率比较小，所以，烟气浓度在火源位置以外的地方迅速被稀释，浓度很低，基本不会对人员造成伤害，但是由于地铁火源复杂，如果引起其他物质（塑料和化纤等）燃烧，烟气的释放速率会大很多。

（3）$Y$ = 99 m 和 $Y$ = 119 m 切面位置流体参数分析(见图 5—13)

1）速度、温度分布（$Z$ = 3.1 m）

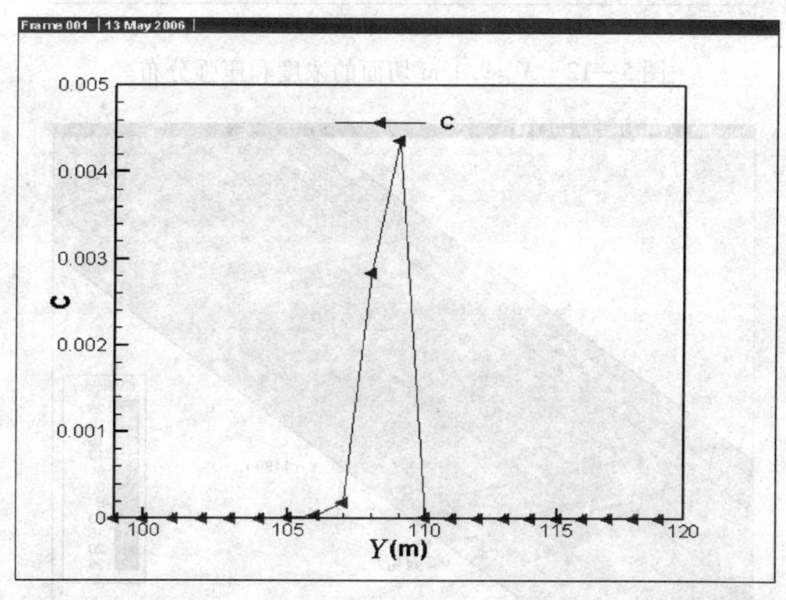


a）浓度分布

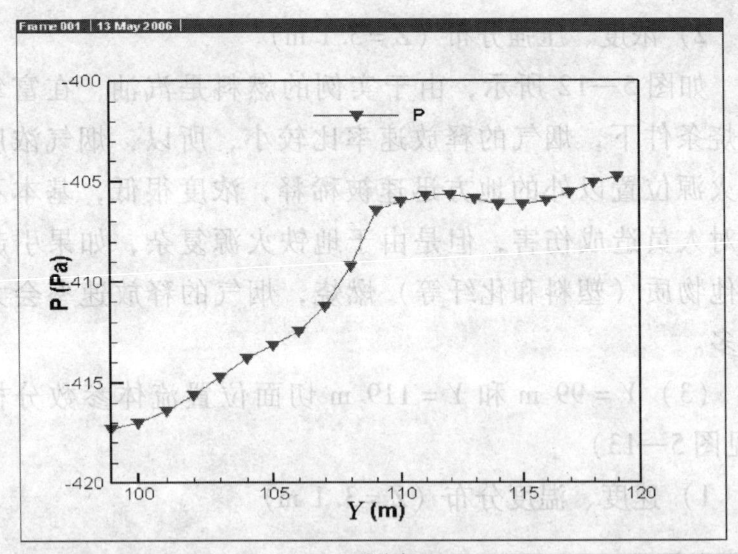


b）压强分布

图 5—12 $X=9.1$ m 切面的浓度和压强分布

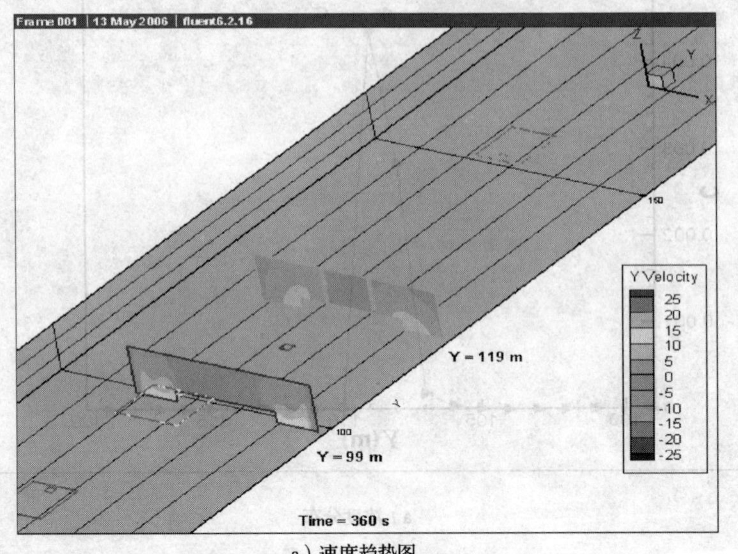


a）速度趋势图

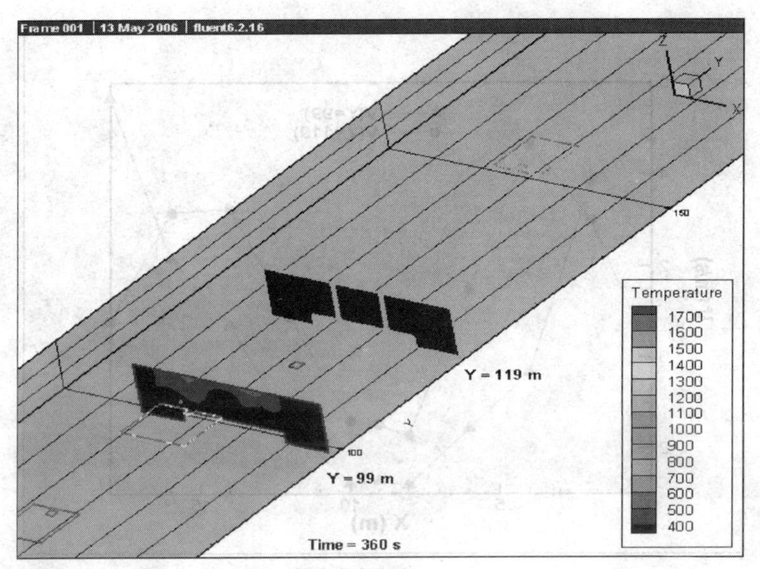


b）温度趋势图

图 5—13　$Y$ = 99 m 和 $Y$ = 119 m 切面位置速度和温度趋势图

由速度和温度分布图 5—14 可以看出，在距离火源位置 10 m 处的横断面上，风流产生了紊乱的现象，这是由于所有的出口都排风，导致了站台中部区域的压力相对平衡，风速比较低，而由于支柱等构筑物的影响，导致轨道方的风流逆向流动。在温度方面，上风侧的温度基本保持在 330 K 左右，而下风侧温度较高，温度为 350 ~ 390 K，已经超出了人的承受范围。

2）浓度、压强分布（$Z$ = 3. 1 m）

如图 5—15 所示，在浓度分布方面，上风侧烟气浓度基本上接近于 0，而在下风侧距离火源 10 m 处的浓度在 −7 个数量级，不会对人员的疏散造成影响。

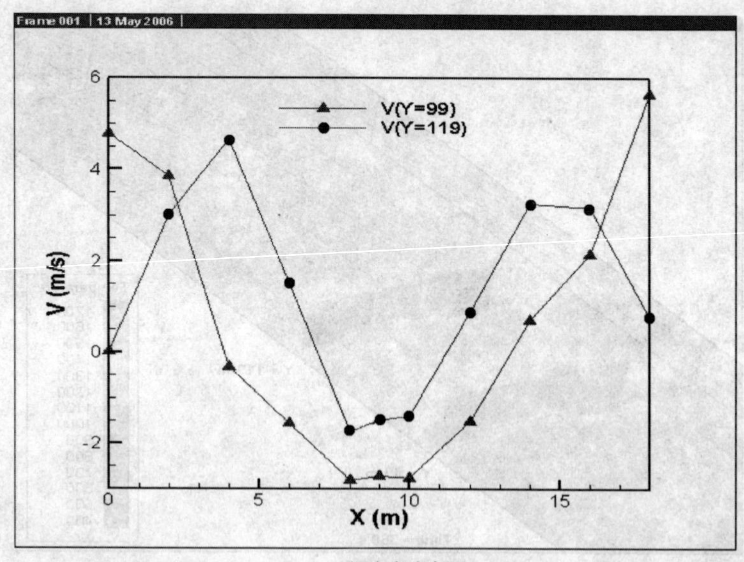


a）速度分布图

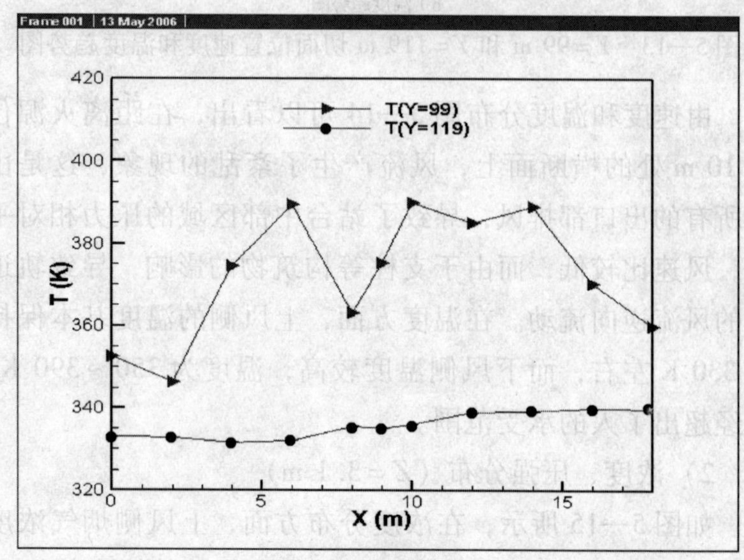


b）温度分布图

图 5—14　$Y=99$ m 和 $Y=119$ m 切面位置速度和温度分布

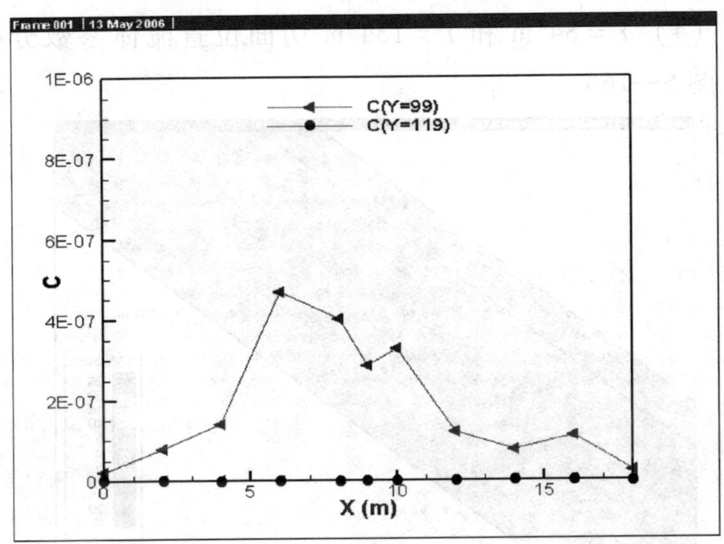


a）浓度分布图

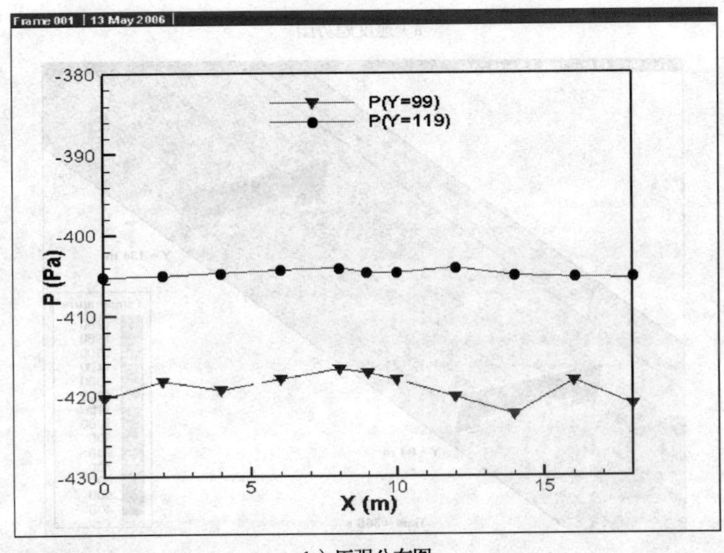


b）压强分布图

图 5—15　$Y = 99$ m 和 $Y = 119$ m 切面位置浓度和压强分布

(4) $Y=84$ m 和 $Y=134$ m 切面位置流体参数分析(见图 5—16)

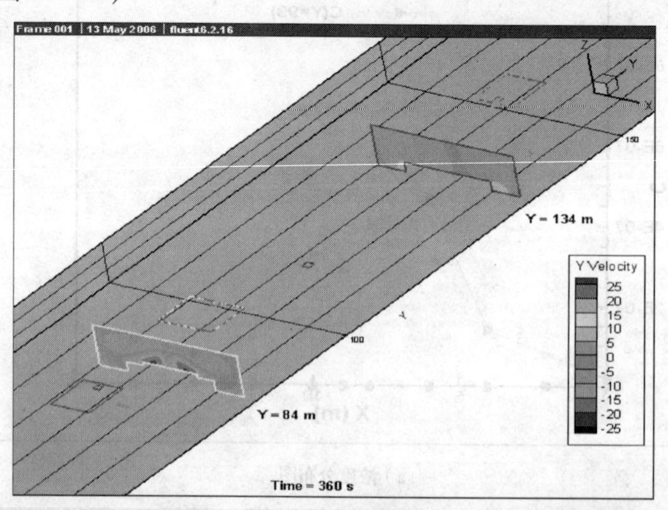


a) 速度趋势图

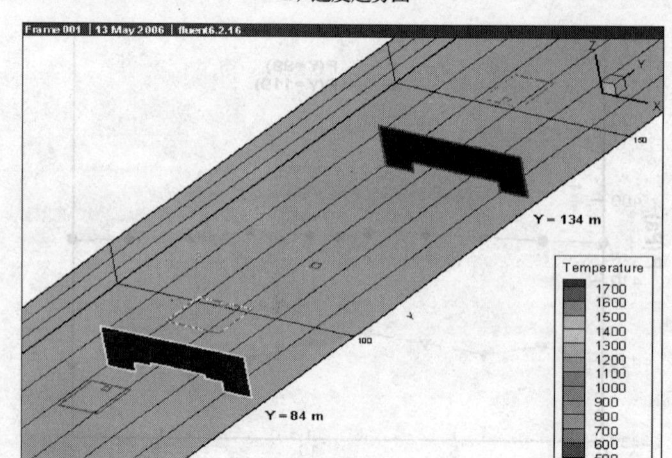


b) 温度趋势图

图 5—16 $Y=84$ m 和 $Y=134$ m 切面位置速度和温度趋势图

1）速度、温度分布（$Z=3.1$ m）

如图 5—17 所示，在距离火源位置 25 m 处的位置上，$Y=134$ m 处的风流由于靠近 inlet3，在下游出口压力的作用下，风流方向为 $Y$ 正方向，而在 $Y=84$ m 处的风流由于有 inlet2 的风流汇入，在上游压力作用下，产生了较大的风流速度。温度参数方面，由于距离火源的位置比 10 m 处的切面更远，温度值出现了明显的下降，上风侧的温度基本上保持在初始条件下的 300 K 左右，下风侧由于有 inlet2的风流汇入，温度也明显下降，保持在 330 K 上下，已经不会影响人员的疏散。

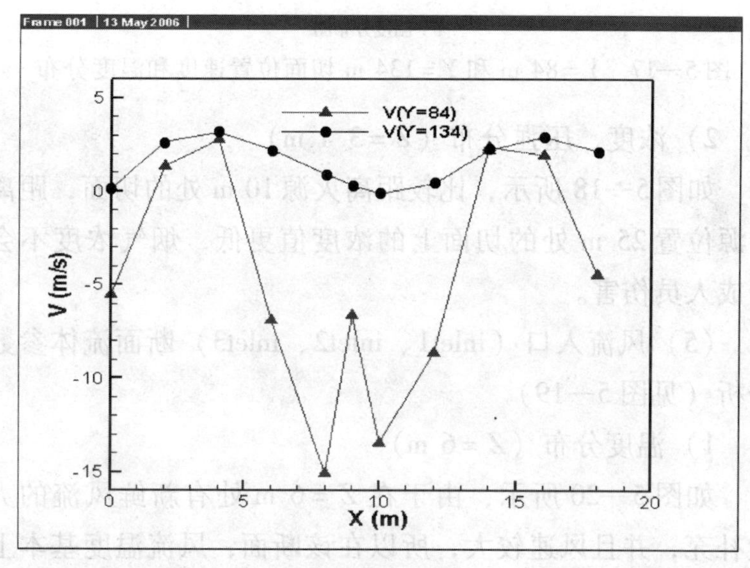


a）速度分布图

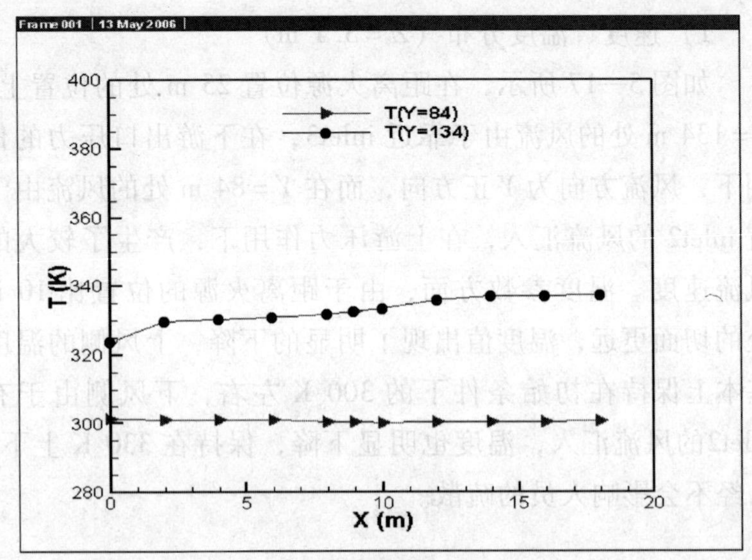


b）温度分布图

图 5—17　$Y=84$ m 和 $Y=134$ m 切面位置速度和温度分布

2）浓度、压强分布（$Z=3.1$ m）

如图 5—18 所示，比较距离火源 10 m 处的切面，距离火源位置 25 m 处的切面上的浓度值更低，烟气浓度不会造成人员伤害。

（5）风流入口（inlet1、inlet2、inlet3）断面流体参数分析（见图 5—19）

1）温度分布（$Z=6$ m）

如图 5—20 所示，由于在 $Z=6$ m 处有新鲜风流的大量补充，并且风速较大，所以在该断面，风流温度基本上与入口初始温度一样，疏散通道的温度较低，满足人员通行要求。

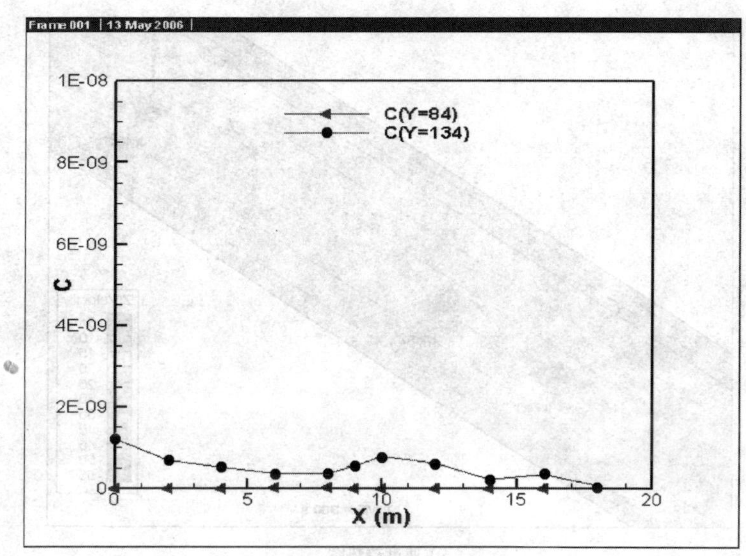


a）浓度分布图

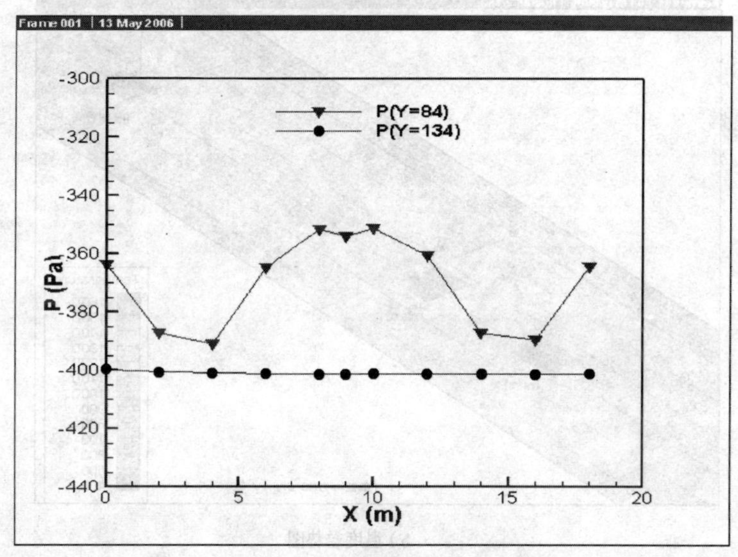


b）压强分布图

图 5—18　$Y = 84$ m 和 $Y = 134$ m 切面位置浓度和压强分布

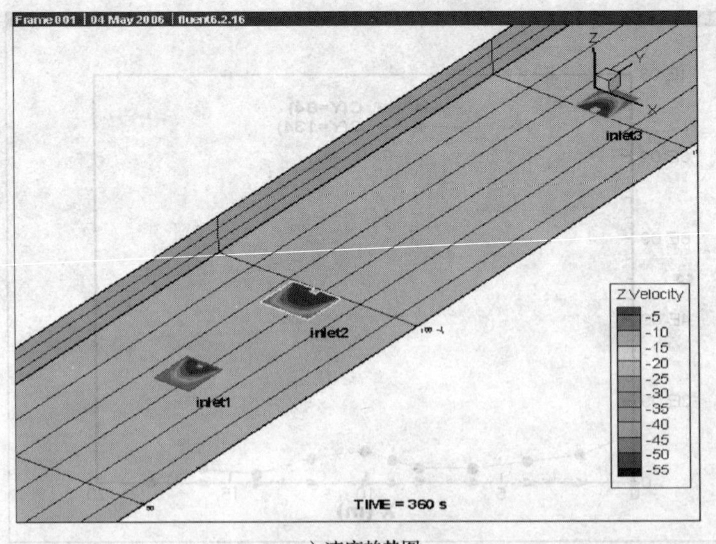


a）速度趋势图

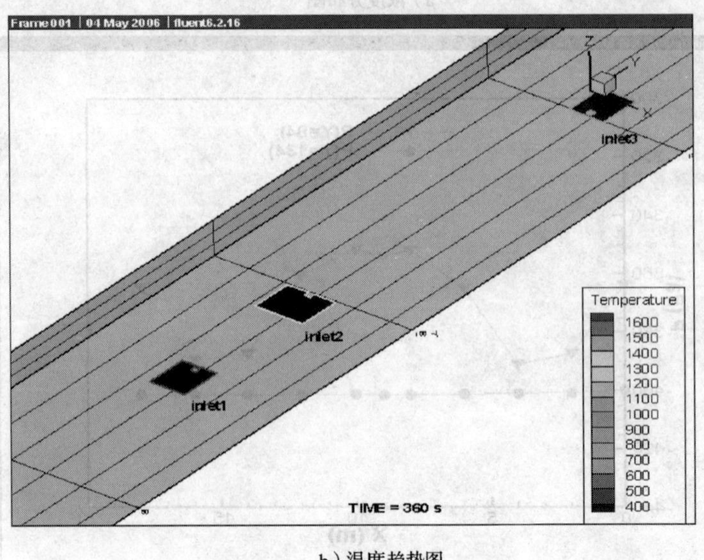


b）温度趋势图

图 5—19　风流入口（inlet1、inlet2、inlet3）断面位置速度和温度趋势图

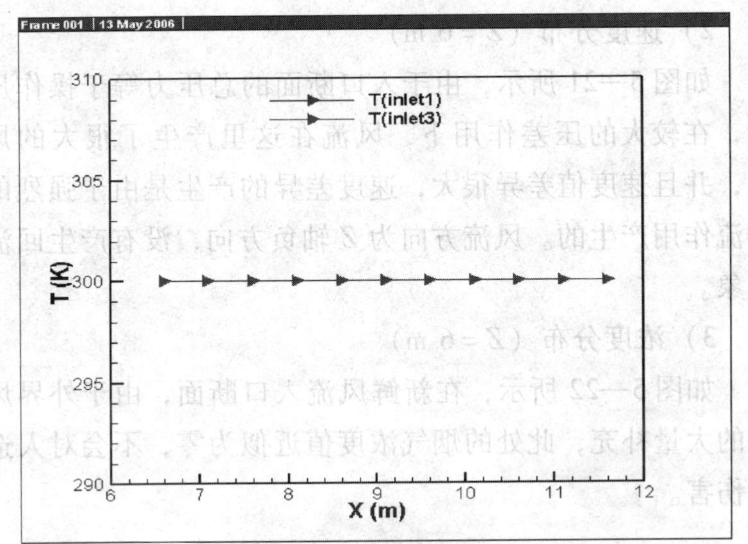


a) inlet1、inlet3 温度分布图

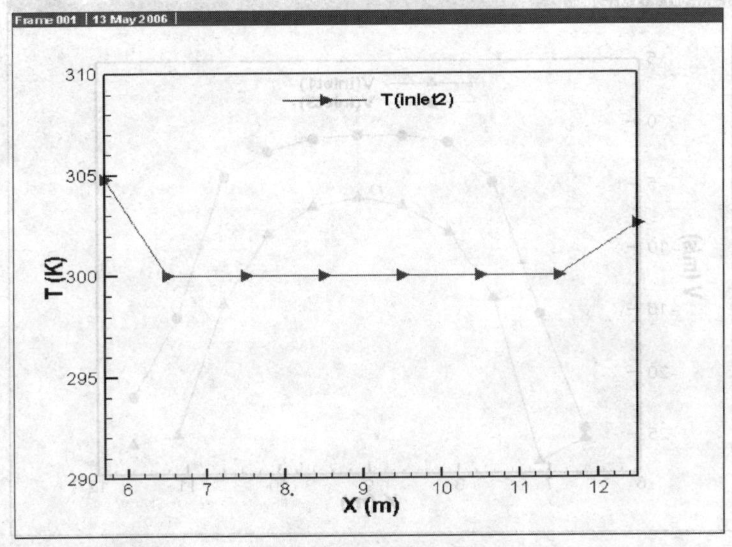


b) inlet2 温度分布图

图 5—20 风流入口（inlet1、inlet2、inlet3）断面位置温度分布

2）速度分布（$Z$ =6 m）

如图 5—21 所示，由于入口断面的总压力等于操作压力，在较大的压差作用下，风流在这里产生了很大的风速，并且速度值差异很大，速度差异的产生是由于强烈的湍流作用产生的。风流方向为 $Z$ 轴负方向，没有产生回流现象。

3）浓度分布（$Z$ =6 m）

如图 5—22 所示，在新鲜风流入口断面，由于外界风流的大量补充，此处的烟气浓度值近似为零，不会对人造成伤害。

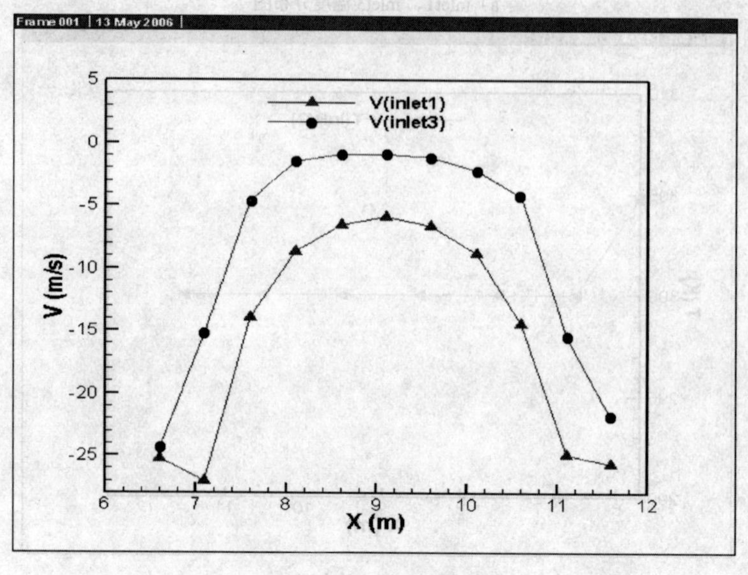


a）inlet1、inlet3 速度分布图

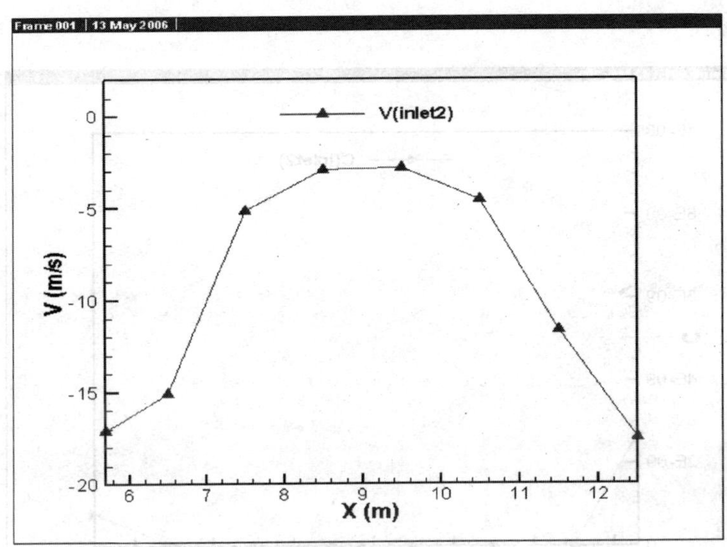


b）inlet2 速度分布图

图 5—21　风流入口（inlet1、inlet2、inlet3）断面速度分布

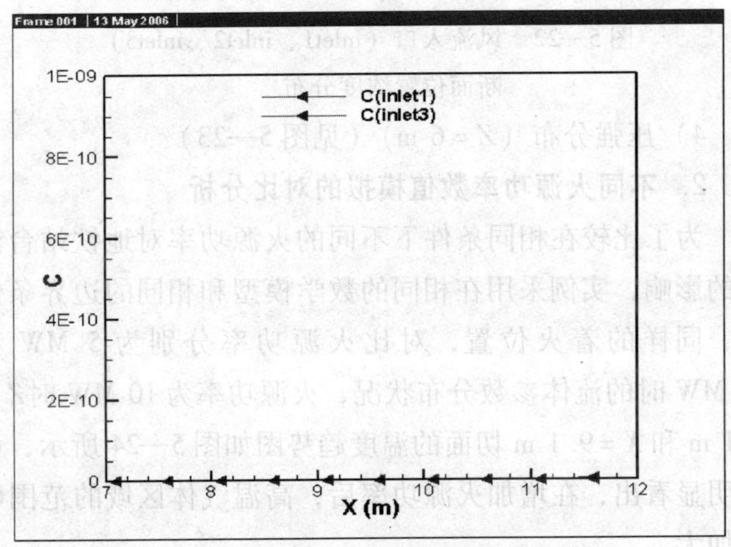


a）inlet1、inlet3 浓度分布图

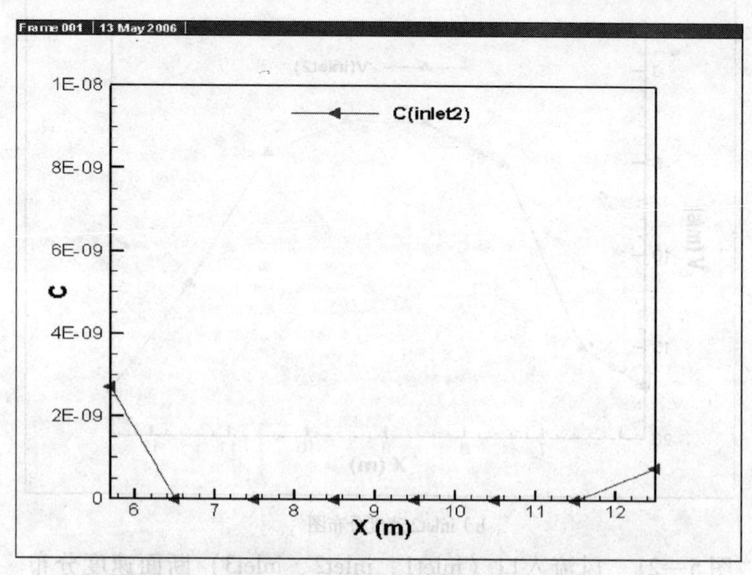


b）inlet2 浓度分布图

图 5—22　风流入口（inlet1、inlet2、inlet3）断面位置浓度分布

4）压强分布（$Z=6$ m）（见图 5—23）

## 2. 不同火源功率数值模拟的对比分析

为了比较在相同条件下不同的火源功率对地铁站台流场的影响，实例采用在相同的数学模型和相同的边界条件下，同样的着火位置，对比火源功率分别为 5 MW 和 10 MW 时的流体参数分布状况，火源功率为 10 MW 时$Z=3.1$ m 和$X=9.1$ m 切面的温度趋势图如图 5—24 所示，可以明显看出，在增加火源功率后，高温气体区域的范围明显加大。

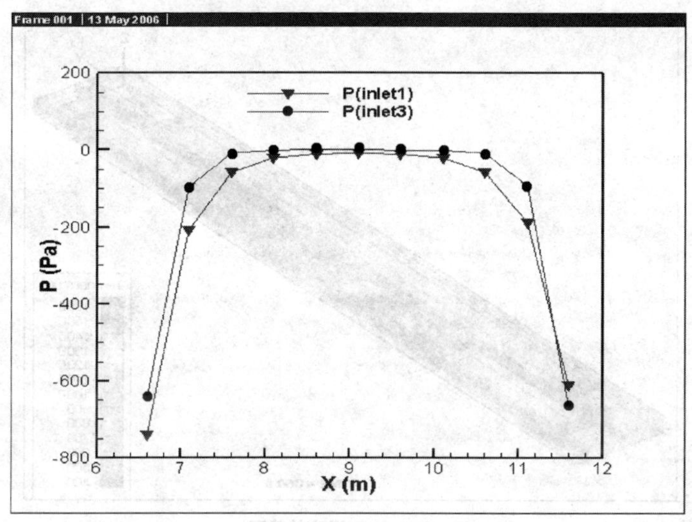


a）inlet1、inlet3 压强分布图

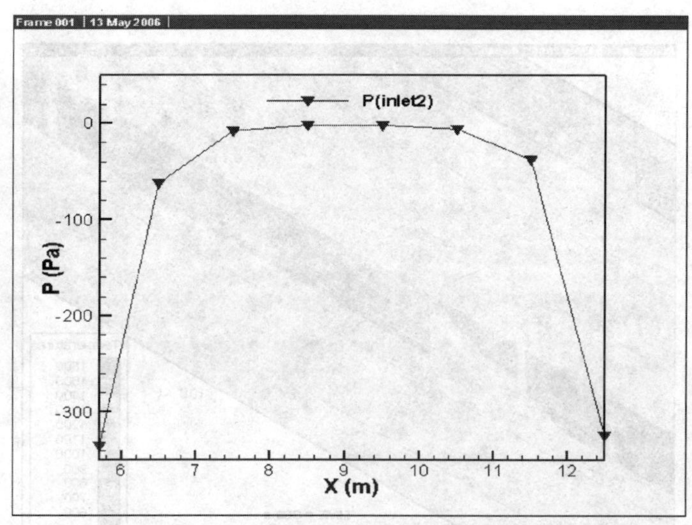


b）inlet2 压强分布图

图 5—23　风流入口（inlet1、inlet2、inlet3）断面位置压强分布

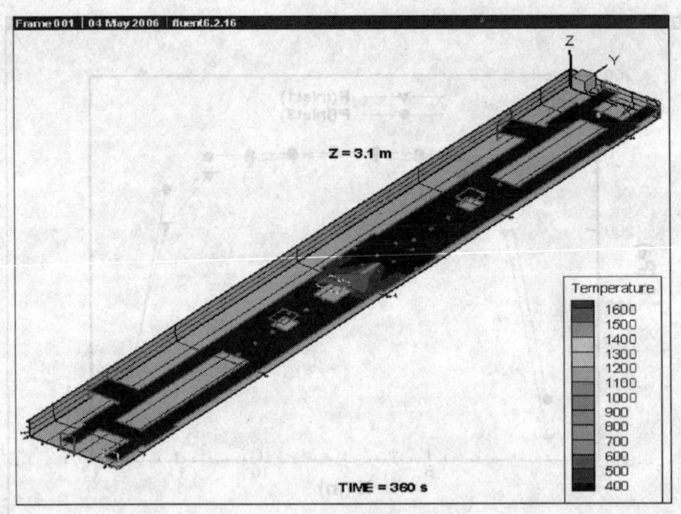


a）$Z$=3.1m 温度趋势图

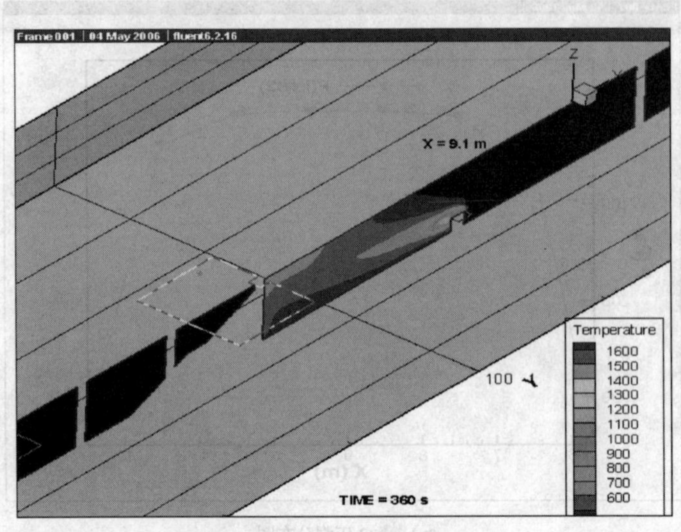


b）$X$=9.1m 温度趋势图

图 5—24　火源功率为 10 MW 时 $Z$ = 3. 1 m 和 $X$ = 9. 1 m 切面温度趋势

(1) 速度场和压力场

由于其他条件相同，改变火源功率更多的是引起热释放速率和烟气释放速率的变化，对速度场和压力场的影响很小，实际的模拟结果也验证了这种推测。

从图 5—25 中可以看出，在 $Y=84$ m 和 $Y=134$ m 的切面上，不同的火源功率条件下，相同位置的速度参数和压力参数非常接近。在更靠近火源的位置，由于受到高温气体产生的湍流作用的影响，这种差别会大一些，如图 5—26 所示，但差别在一个可以接受的范围内。而对于地铁火灾条件的数值模拟研究，更关注温度场和压力场的变化，速度参数只需要保证在人员疏散可接受的范围内，其他切面位置的速度和浓度比较不再赘述。

基于安全疏散条件的考虑，人对温度和有害气体浓度更敏感，下面分别比较在不同的火源功率下，不同切面上温度参数和浓度参数的变化。

(2) 温度场和浓度场

1) $X=9.1$ m 切面的温度和浓度比较

从图 5—27 中可以明显看出，火源下风侧的温度和浓度得到明显的提高，其中温度随距离增加而降低的趋势变缓，到 10 m 处温度仍高达 570 K 左右，远远超出人的承受能力，而烟气浓度尽管得到明显的增加，可由于燃烧材料的原因，随距离的增加浓度的递减幅度仍然很大。

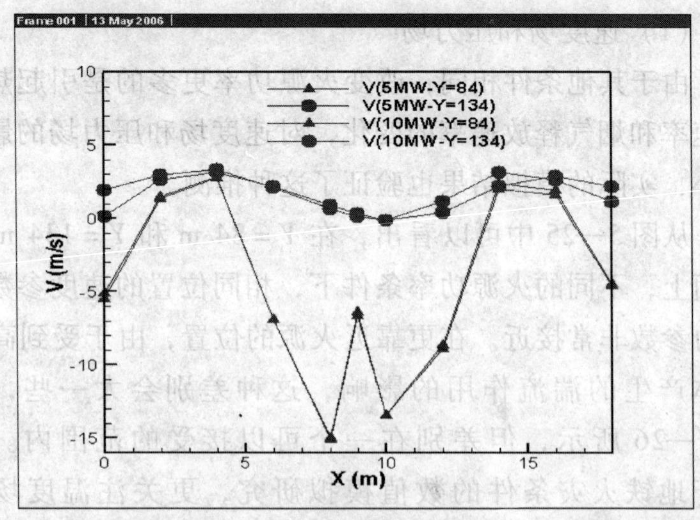


a）速度比较图

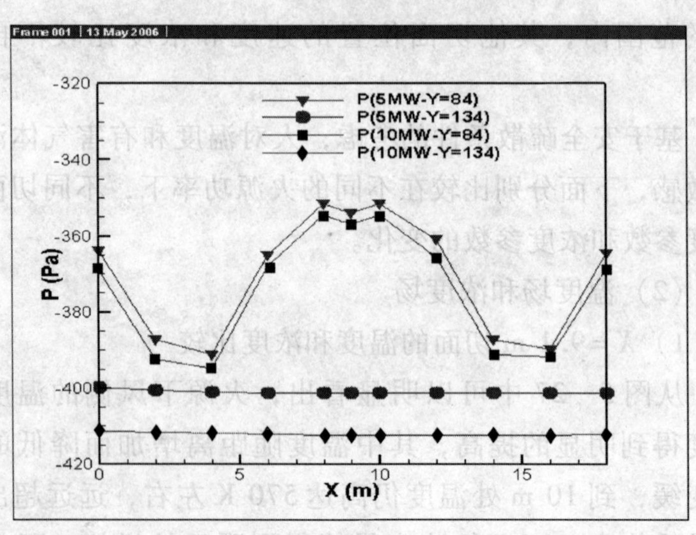


b）压强比较图

图 5—25　$Y=84$ m 和 $Y=134$ m 切面不同火源功率速度、压强参数比较

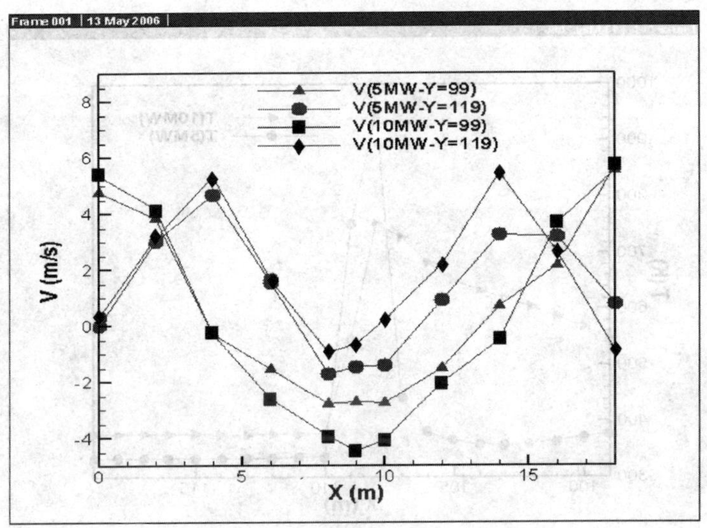


a）速度比较图

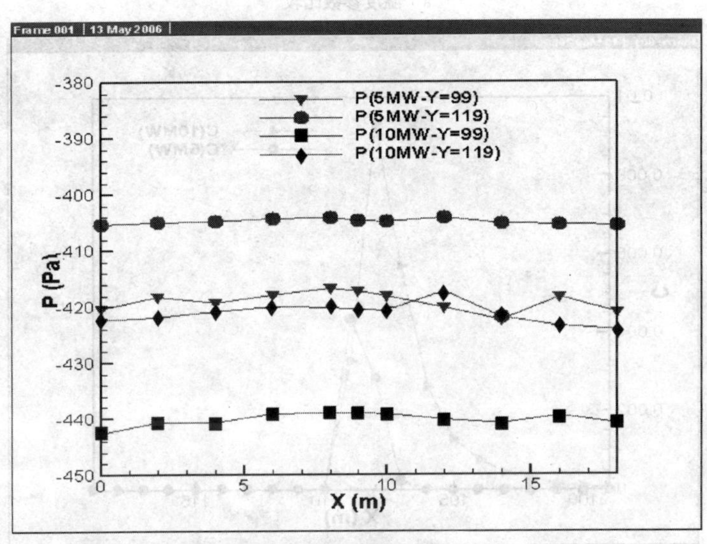


b）压强比较图

图 5—26　$Y=99$ m 和 $Y=119$ m 切面不同火源功率速度、压强参数比较

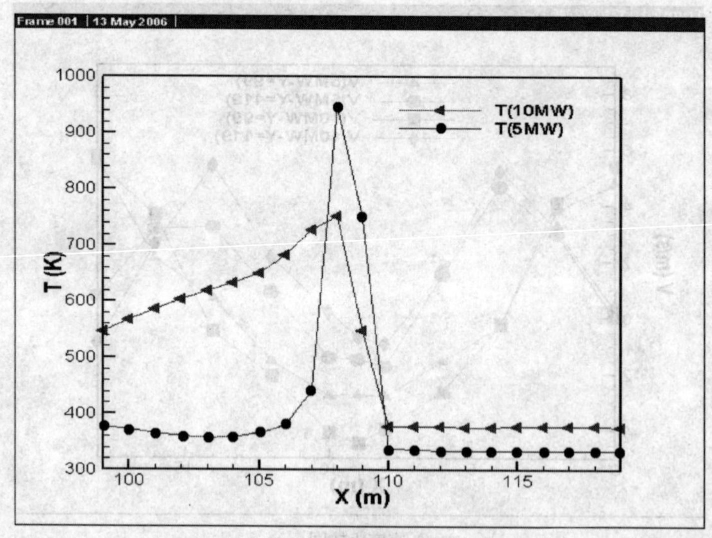


a）温度参数比较

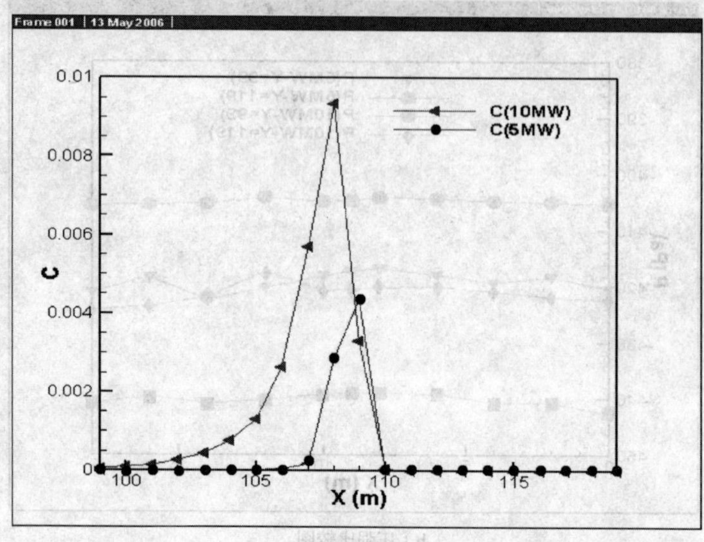


b）浓度参数比较

图 5—27　$X=9.1$ m 切面不同火源功率温度、浓度参数比较

2）$Y=99$ m 和 $Y=119$ m 切面的温度和浓度比较

①在图 5—28 温度分布图中可以看出距离火源位置 10 m处的温度在不同火源功率条件下的比较，下风侧 10 m 处人的平均高度 1.7 m（$Z=3.1$ m）位置的温度在 10 MW 火源功率下要明显高于 5 MW 的情况，在 10 MW 火源功率情况下截面的总体温度达到 400 K 以上，站台中心处的温度达到 570 K 左右，人员基本上失去了通过这个断面撤离的可能，而在上风侧，相同距离处的温度也有明显的上升，但上升幅度有限，基本上还不会在短时间内对人造成伤害。

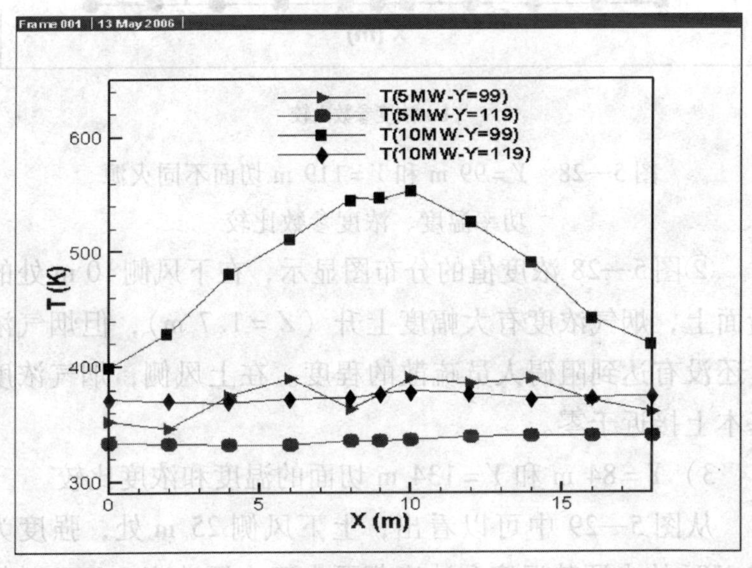

a）温度参数比较

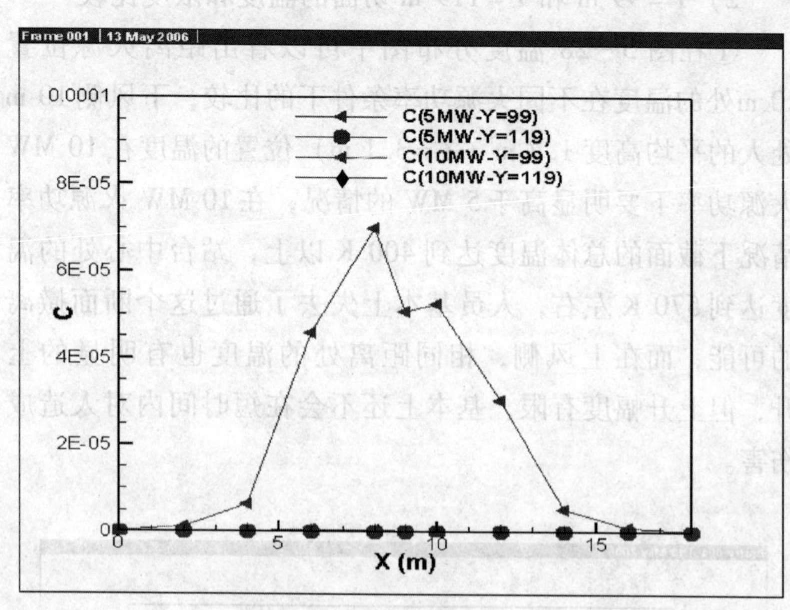


b）浓度参数比较

图 5—28　$Y = 99$ m 和 $Y = 119$ m 切面不同火源功率温度、浓度参数比较

②图 5—28 浓度值的分布图显示，在下风侧 10 m 处的断面上，烟气浓度有大幅度上升（$Z = 1.7$ m），但烟气浓度还没有达到阻碍人员疏散的程度。在上风侧，烟气浓度基本上接近于零。

3）$Y = 84$ m 和 $Y = 134$ m 切面的温度和浓度比较

从图 5—29 中可以看出，上下风侧 25 m 处，强度为 10 MW 的火源其温度和浓度都要大于火源功率 5 MW 时的情况。

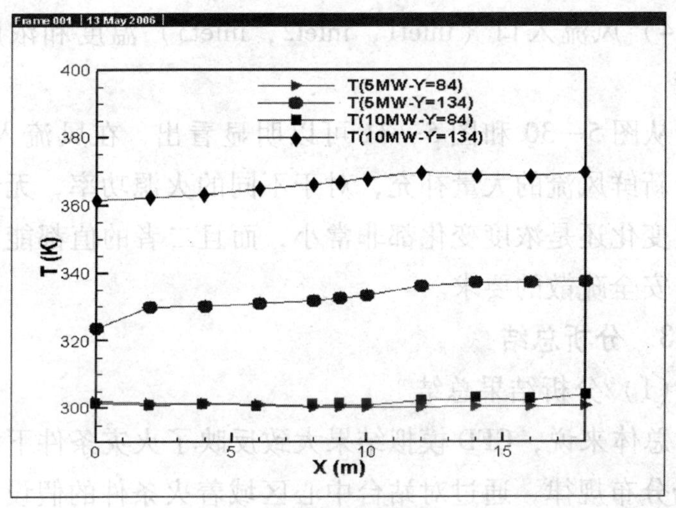


a）温度参数比较

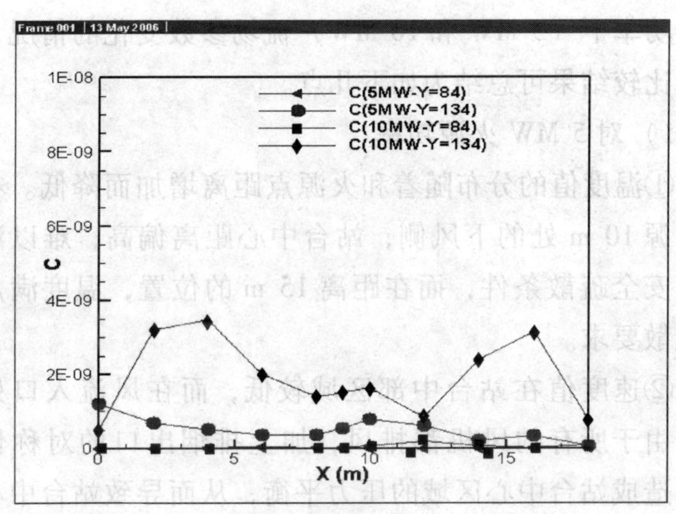


b）浓度参数比较

图 5—29　$Y = 84$ m 和 $Y = 134$ m 切面不同火源功率温度、浓度参数比较

4）风流入口（inlet1，inlet2，inlet3）温度和浓度的比较

从图 5—30 和图 5—31 可以明显看出，在风流入口，由于新鲜风流的大量补充，对于不同的火源功率，无论是速度变化还是浓度变化都非常小，而且二者的值都能满足人员安全疏散的要求。

**3. 分析总结**

(1) 分析结果总结

总体来说，CFD 模拟结果大致反映了火灾条件下站台流场分布规律，通过对站台中心区域着火条件的假设，分析了在火源功率为 5 MW 时的模拟结果，并比较了在不同火源功率下（5 MW 和 10 MW）流场参数变化的情况，分析和比较结果可总结为如下几点。

1）对 5 MW 火源功率

①温度值的分布随着和火源点距离增加而降低。在距离火源 10 m 处的下风侧，站台中心距离偏高，难以满足人员安全疏散条件，而在距离 15 m 的位置，温度满足人员疏散要求。

②速度值在站台中部区域较低，而在风流入口处过高。由于所有的风机都排风，加上排烟出口的对称性结构，造成站台中心区域的压力平衡，从而导致站台中心区域风速较低。

过多的排烟出口导致风流入口处产生了较大的压差，造成三个楼梯口处进风速度过大，并引起较强的湍流效应。

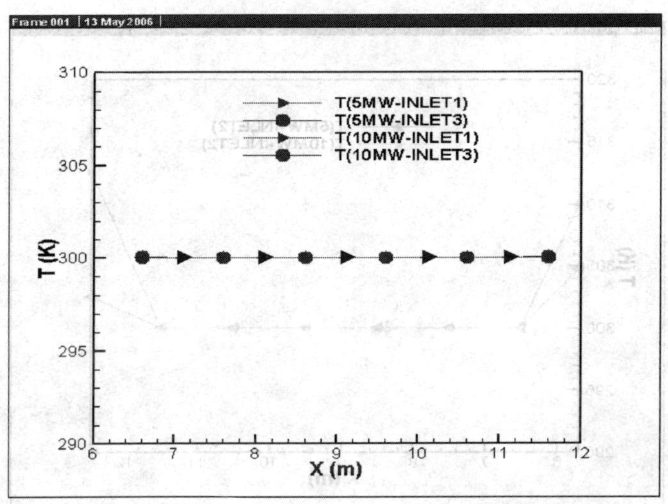


a）温度参数比较

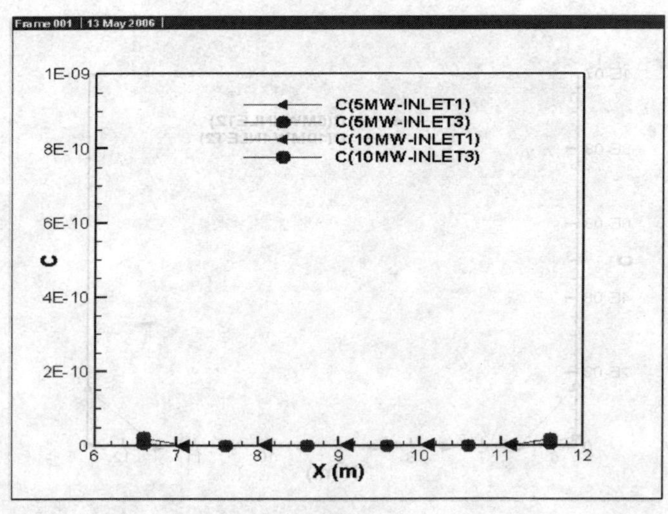


b）浓度参数比较

图 5—30　inlet1，inlet3 断面不同火源功率温度、浓度参数比较

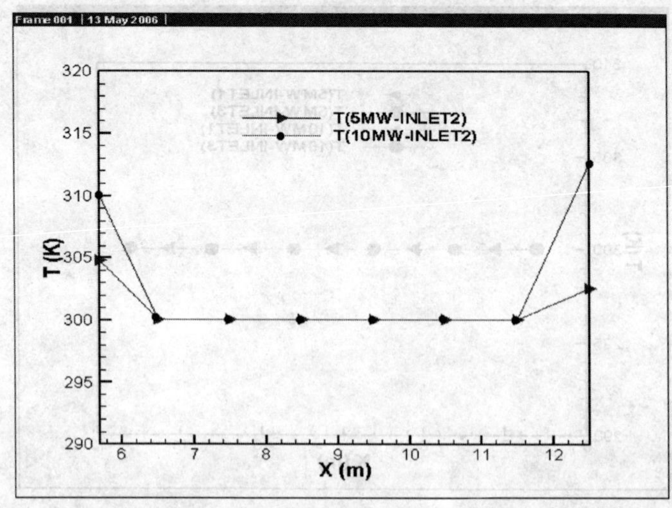


a）温度参数比较

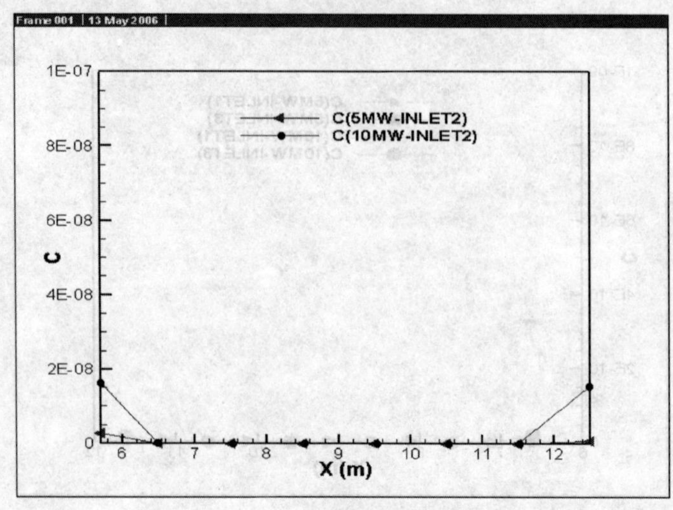


b）浓度参数比较

图 5—31　inlet2 断面不同火源功率温度、浓度参数比较

③烟气浓度基本不会对人员疏散条件造成影响。由于假设的燃烧材料为汽油，在富氧燃烧条件下，烟气的产生速率相对较小，而在实际的火灾中，由于燃料复杂并存在火势的蔓延，烟气的生成量可能会远大于模拟的效果。

2）对 5 MW 火源功率和 10 MW 火源功率比较结果

①速度场和压力场的分布基本上相近。由于具有相同的边界条件和计算模型，在不同的火源功率条件下，只是热释放速率和烟气释放速率不同，相同位置的速度和压力值比较接近。

②在距离火源点 10 m 的上风侧甚至到 25 m 的下风侧，基本温度值都无法满足人员疏散的要求。考虑到站台中心区域的火源基本上为乘客行李和随身携带的危险品，其热释放速率一般不会高于5 MW，实例采用10 MW 是为了与 5 MW 的情况进行分析比较，不能排除的是纵火和恐怖袭击会造成较大的地铁火灾，产生较大的热释放速率。

（2）人员疏散判定条件的满足情况

不同的火源功率条件下站台空间的流场参数分布对判定条件的满足程度见表 5—1。

（3）基于模拟结果改进的通风方案

实例分析不同火源功率下，流场分布对人员疏散条件满足的情况，根据分析结果，改进通风方案，使疏散条件得到改善，由于站台中心区域火灾的火源功率达到 10 MW 的概率非常小，因此只考虑固定火源功率为5 MW 的情况。

**表 5—1　　不同火源功率下安全疏散判定条件**

| 火源功率 | 判定条件 | 位置 | 判定结果 | 判定依据 |
|---|---|---|---|---|
| 5 MW | 温度 | 距离火源 10 m 处 | 上风侧满足，下风侧 10 m 断面温度难以满足人员疏散条件 | 距离火源 10 ~ 15 m 的和人员疏散必经通道不得有超出人承受能力的高温 |
| | | 距离火源 25 m 处 | | |
| | | 人员疏散通道处 | | |
| | 浓度 | 距离火源 10 m 处 | 距离火源位置 10 m 即可以满足条件 | 距离火源 10 ~ 15 m 和人员疏散必经通道没有超出设计标准的烟气浓度 |
| | | 距离火源 25 m 处 | | |
| | | 人员疏散通道处 | | |
| | 速度 | 距离火源 10 m 处 | 在风流入口的人员疏散通道风速过高，不能满足条件 | 出口处风向由站厅至站台，风速大于2 m/s，风速大小不能超过人的承受能力 |
| | | 距离火源 25 m 处 | | |
| | | 人员疏散通道处 | | |
| 10 MW | 温度 | 距离火源 10 m 处 | 上风侧满足，下风侧 10 m 断面温度难以满足人员疏散条件 | 距离火源 10 ~ 15 m 的和人员疏散必经通道不得有超出人承受能力的高温 |
| | | 距离火源 25 m 处 | | |
| | | 人员疏散通道处 | | |

续表

| 火源功率 | 判定条件 | 位置 | 判定结果 | 判定依据 |
|---|---|---|---|---|
| 10 MW | 浓度 | 距离火源10 m处 | 距离火源位置10 m即可以满足条件 | 距离火源10~15 m和人员疏散必经通道没有超出设计标准的烟气浓度 |
| | | 距离火源25 m处 | | |
| | | 人员疏散通道处 | | |
| | 速度 | 距离火源10 m处 | 在风流入口的人员疏散通道风速过高，不能满足条件 | 出口处风向由站厅至站台，风速大于2 m/s，风速大小不能超过人的承受能力 |
| | | 距离火源25 m处 | | |
| | | 人员疏散通道处 | | |

## 4. 通风方案的优化及模拟结果分析

(1) 第一次通风方案调整

考虑采用站台主风机排烟，区间辅助风机一推一拉的通风排烟模式，来降低入口风速，加快火源区域的热量稀释效果，通风排烟模式如图 5—32 所示。

基于对火源功率为5 MW 的数值模拟流场分析，尽管全部风机提供全压排烟的通风模式最大限度地保证了烟气和热量的排出，但却造成了楼梯口风速过快，并且在站台中部引起风压的相对平衡而使该区域风速偏低，给安全疏散带来困难。第一次通风方案调整采取站台主风机排烟，两侧辅助风机一推一拉的通风方案，如下对计算机模拟结果进行分析。

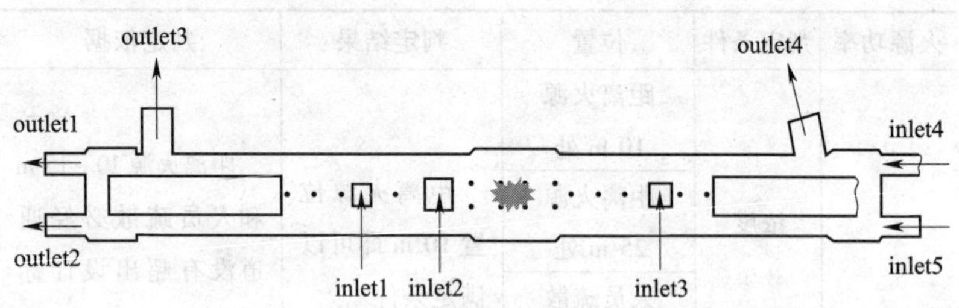


图 5—32　第一次通风方案调整示意图

1）$Z=3.1$ m 切面的流场温度与速度趋势图

由图 5—33 可以看出，改变通风方案后在速度趋势上有了很大的平衡，但全流场的速度偏高。

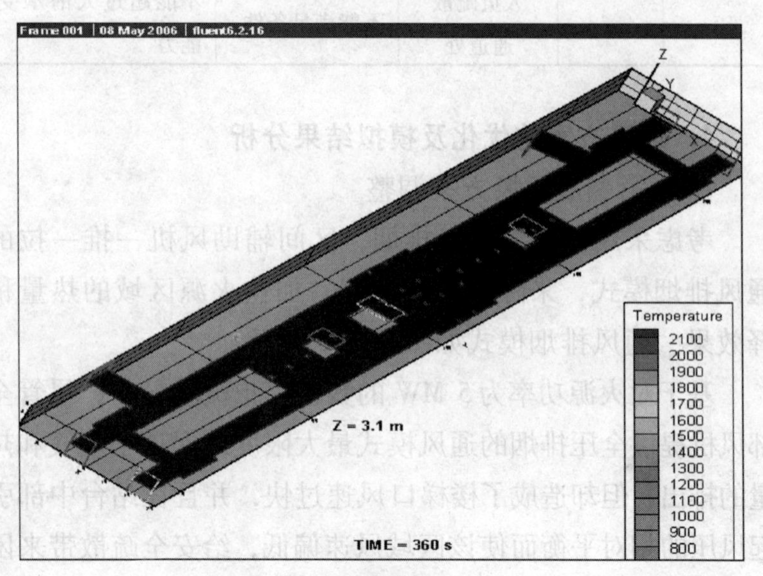


a）温度趋势图

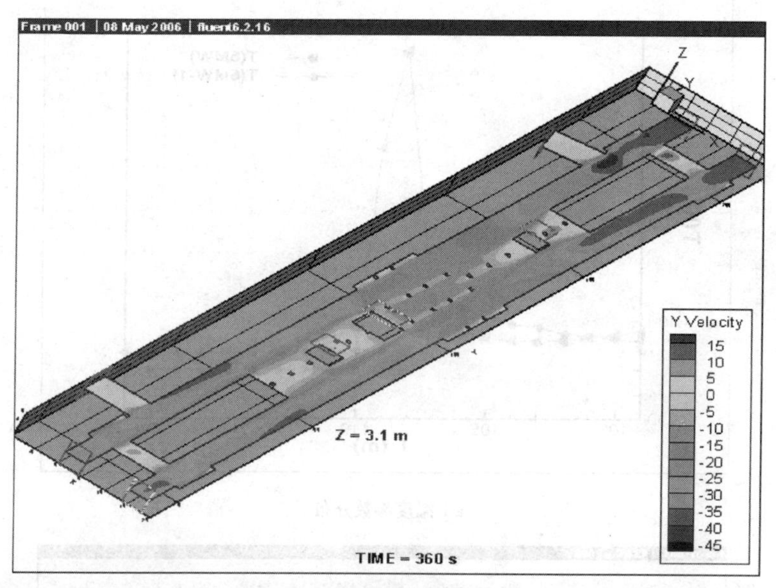


b）速度趋势图

图 5—33　$Z=3.1$ m 切面的流场温度与速度趋势图

2）$X=9.1$ m 切面流场参数分析

由图 5—34 和图 5—35 可以看出，在调整通风方案后，火源上风侧与下风侧的温度和浓度都有所下降，这是因为在一推一拉的通风模式下，增加了该区域流场的速度，对热量和烟气产生了更快的稀释作用。速度有明显增加，平均风速达到 12 ~ 13 m/s，这相当于 6 ~ 7 级的风力效果，风速过大，可能会给人的行走带来不便，另外在非固定火源功率的情况下，过大的风速会造成火势的快速蔓延。

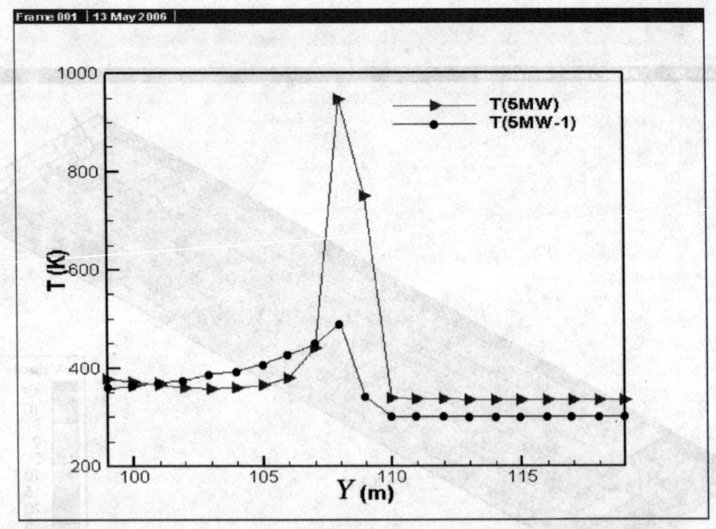


a）温度参数分布

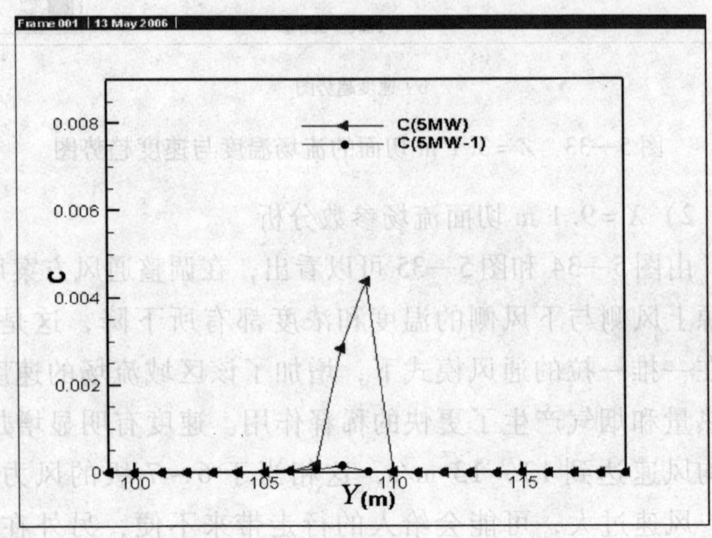


b）浓度参数分布

图 5—34　$X=9.1$ m 切面温度、浓度参数分布

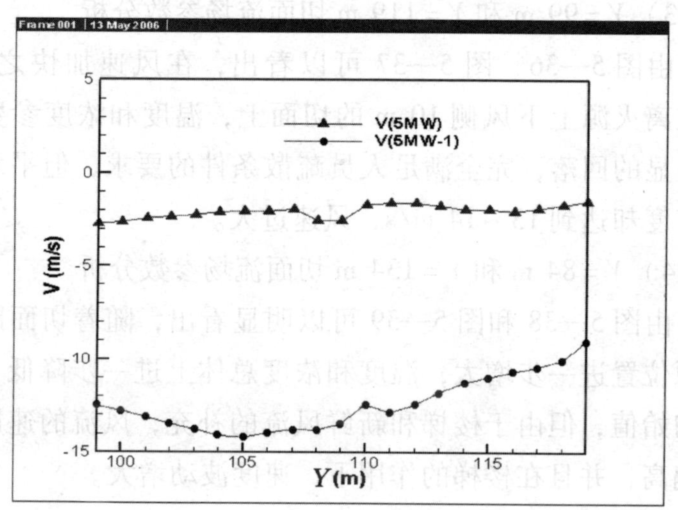


a）速度参数分布

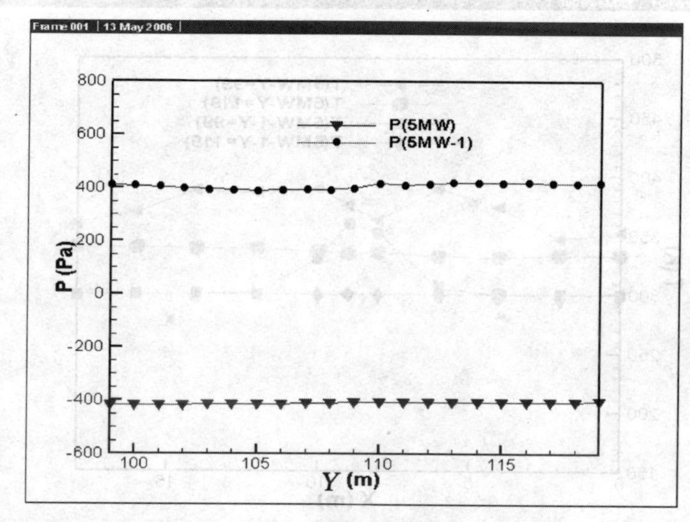


b）压强参数分布

图 5—35　$X = 9.1$ m 切面速度、压强参数分布

3）$Y=99$ m 和 $Y=119$ m 切面流场参数分析

由图 5—36、图 5—37 可以看出，在风速加快之后，在距离火源上下风侧 10 m 的切面上，温度和浓度参数有了明显的回落，完全满足人员疏散条件的要求，但平均风流速度却达到 13 ~ 14 m/s，风速过大。

4）$Y=84$ m 和 $Y=134$ m 切面流场参数分析

由图 5—38 和图 5—39 可以明显看出，随着切面距离火源位置进一步增大，温度和浓度总体上进一步降低，接近初始值，但由于楼梯和新鲜风流的补充，风流的速度仍然偏高，并且在楼梯的作用下，速度波动增大。

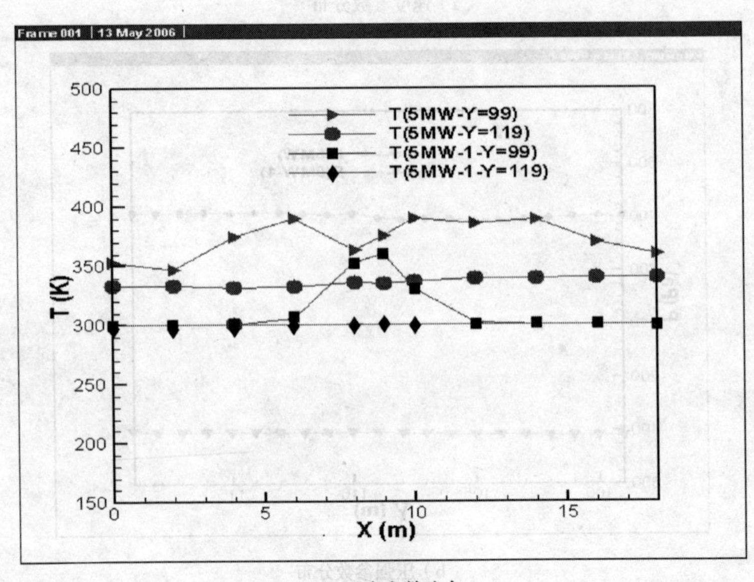


a）温度参数分布

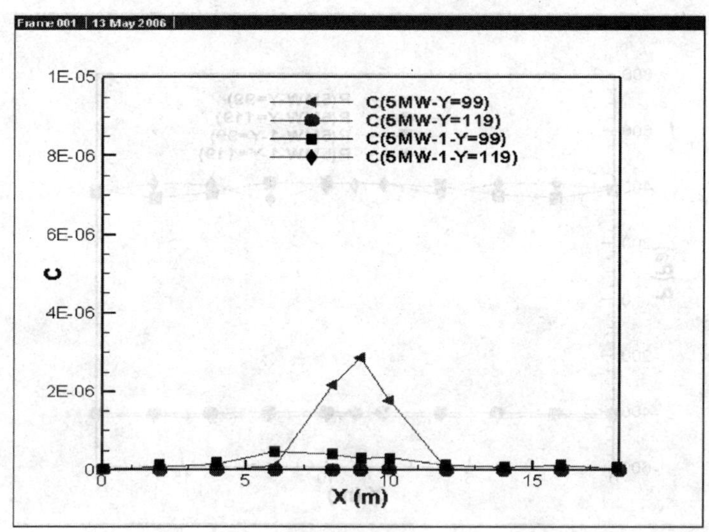


b）浓度参数分布

图 5—36　$Y=99$ m 和 $Y=119$ m 切面温度、浓度参数分布

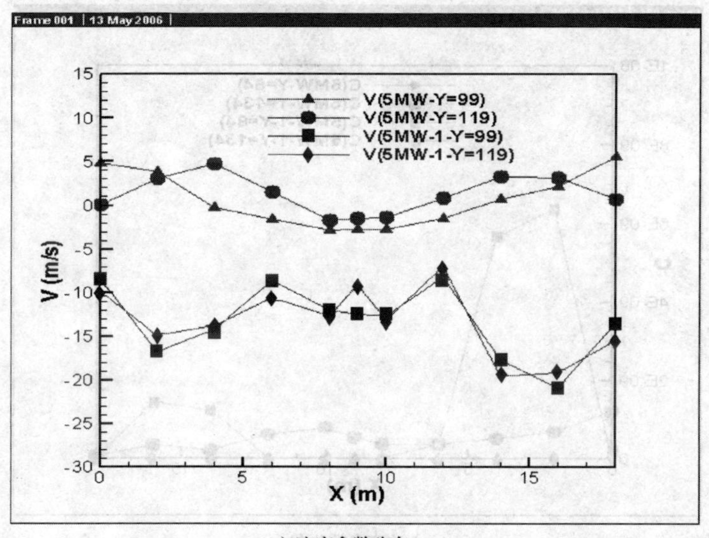


a）速度参数分布

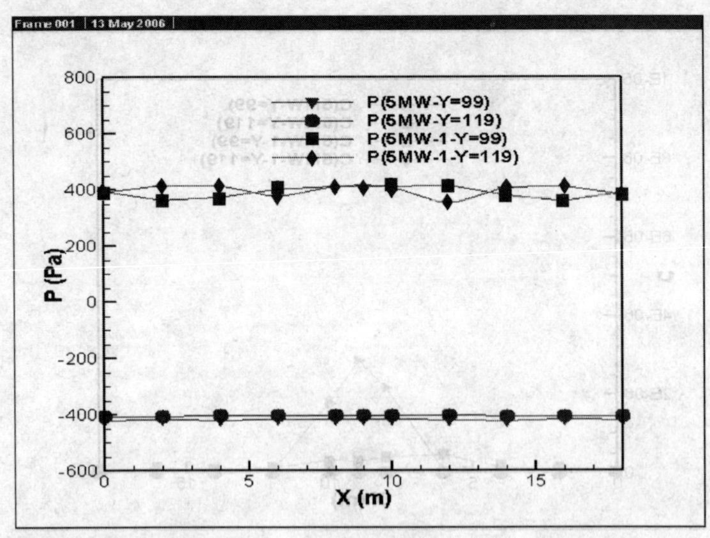


b）压强参数分布

图 5—37　$Y=99$ m 和 $Y=119$ m 切面速度、压强参数分布

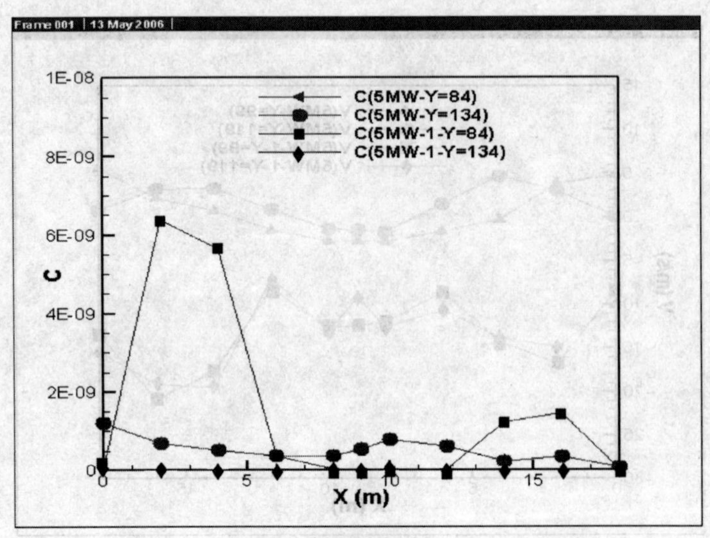


a）浓度参数分布

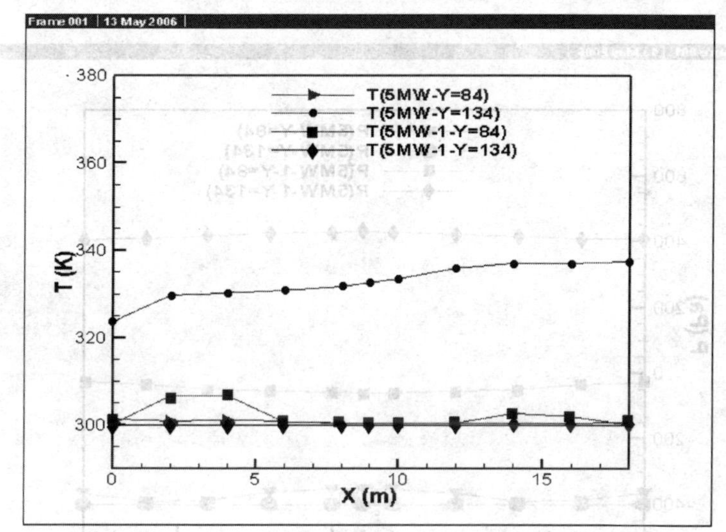


b）温度参数分布

图 5—38　$Y=84$ m 和 $Y=134$ m 切面温度、浓度参数分布

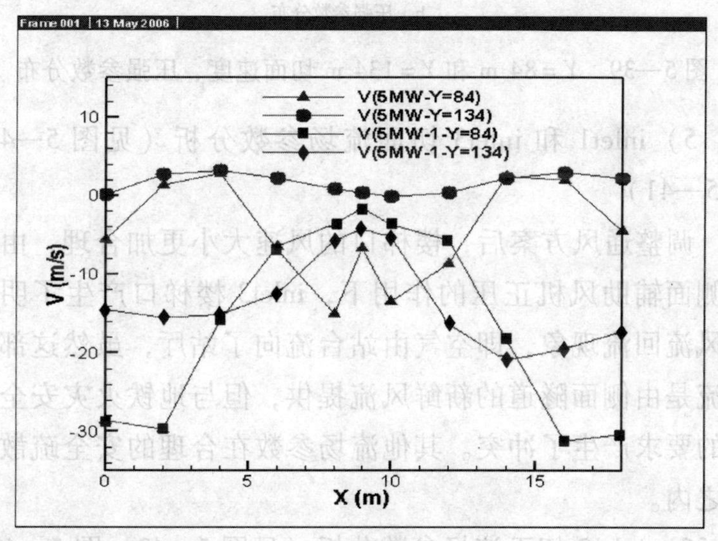


a）速度参数分布

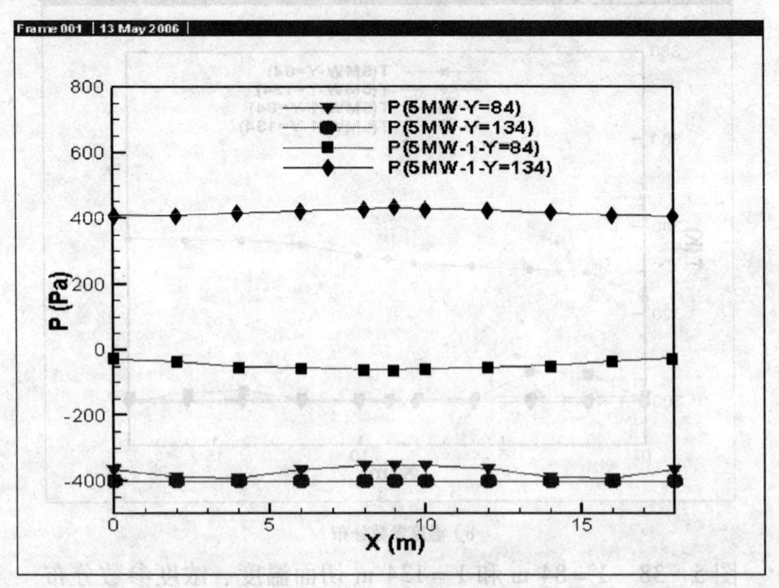

b）压强参数分布

图 5—39　$Y=84$ m 和 $Y=134$ m 切面速度、压强参数分布

5）inlet1 和 inlet3 切面流场参数分析（见图 5—40、图 5—41）

调整通风方案后，楼梯口的风速大小更加合理，由于在侧面辅助风机正压的作用下，inlet3 楼梯口产生了明显的风流回流现象，即空气由站台流向了站厅，虽然这部分风流是由侧面隧道的新鲜风流提供，但与地铁火灾安全规程的要求产生了冲突。其他流场参数在合理的安全疏散范围之内。

6）inlet2 切面流场参数分析（见图 5—42、图 5—43）

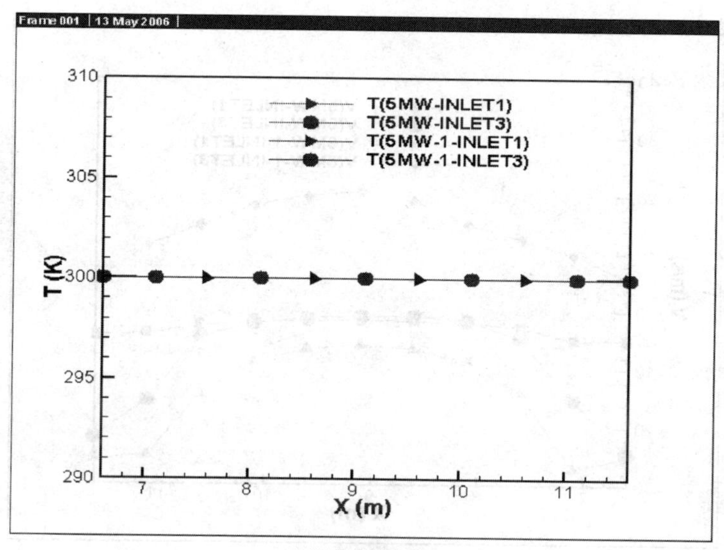


a）温度参数分布

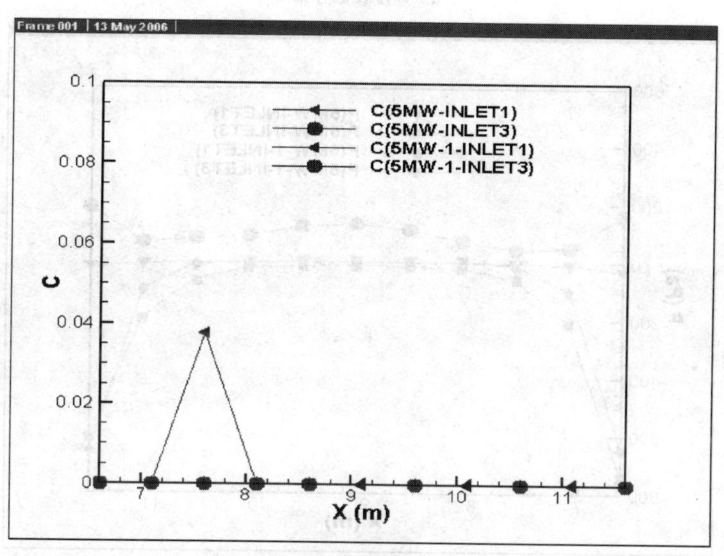


b）浓度参数分布

图 5—40　inlet1 和 inlet3 切面温度、浓度参数分布

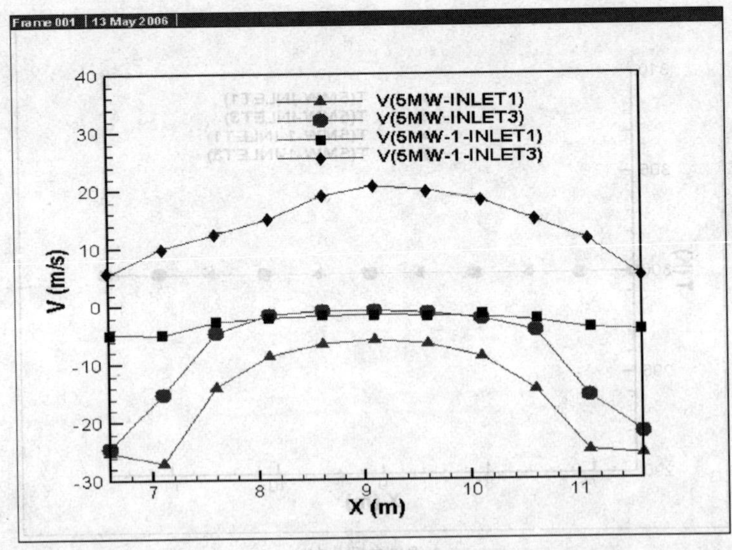


a）速度参数分布

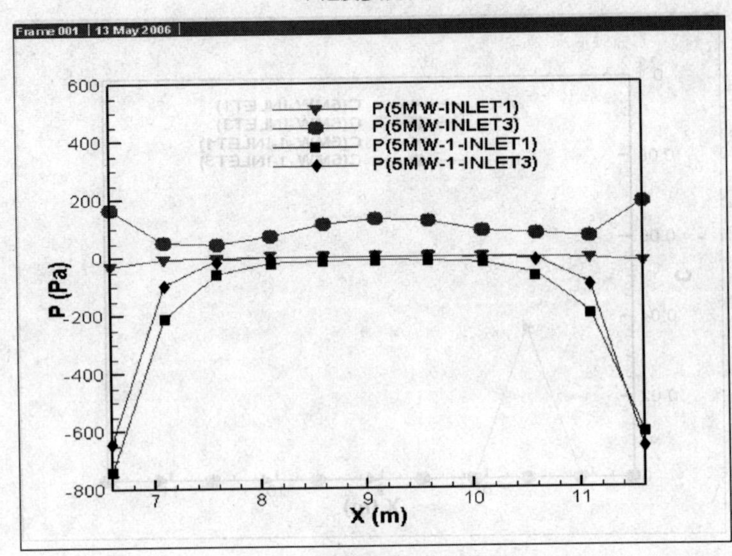


b）压强参数分布

图 5—41　inlet1 和 inlet3 切面速度、压强参数分布

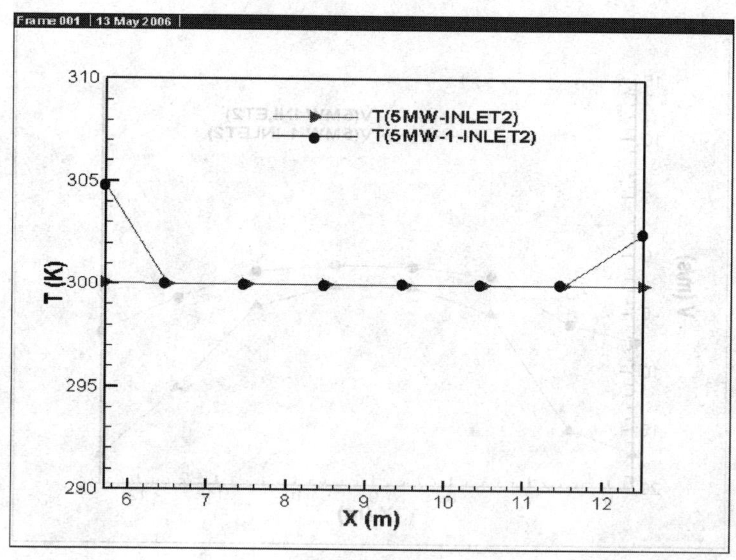


a）温度参数分布

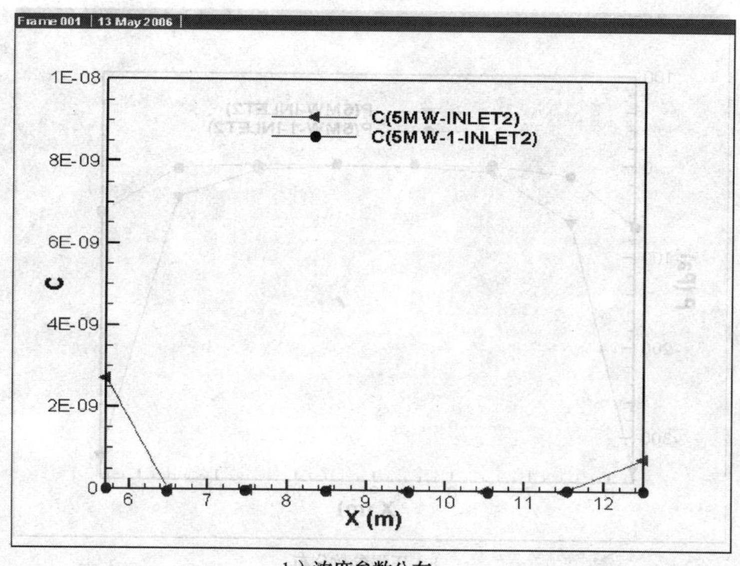


b）浓度参数分布

图 5—42　inlet2 切面温度、浓度参数分布

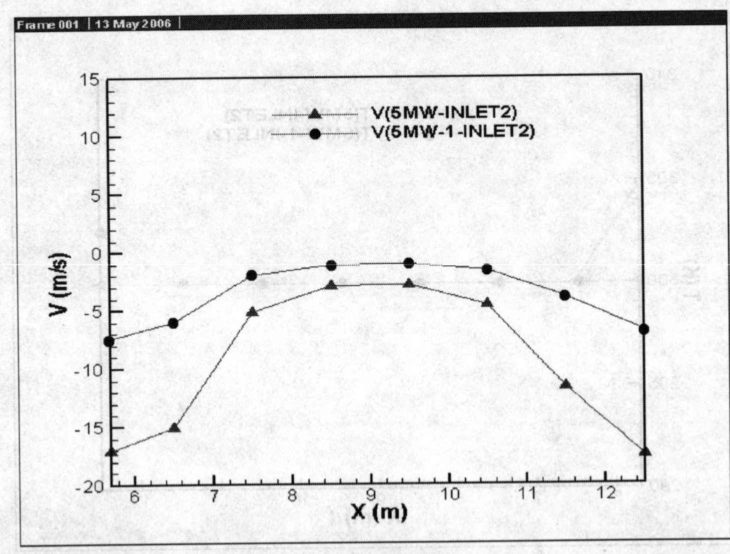


a）速度参数分布

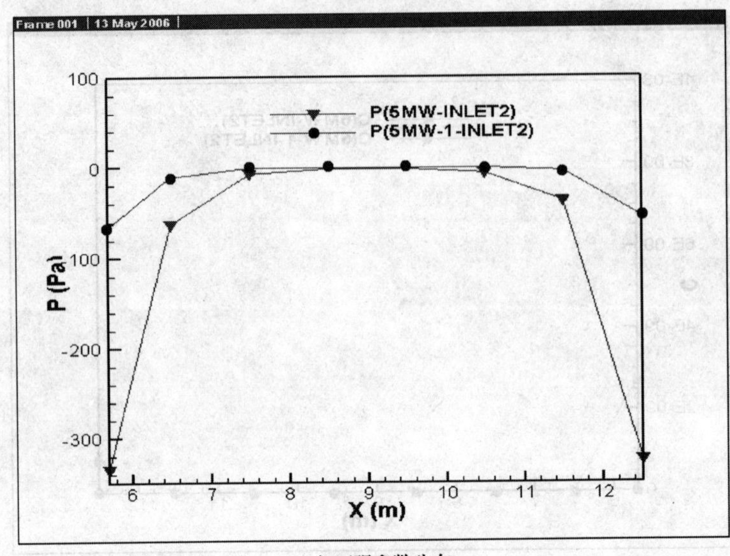


b）压强参数分布

图 5—43 inlet2 切面速度、压强参数分布

可以看出，在 inlet2 楼梯口，比起调整前的通风方案，调整后的速度大小有了明显的回落，为 2 ~ 5 m/s，温度和浓度也在合理的范围之内。

7）方案调整后数值模拟分析小结

总体来说，采用站台主风机排烟、两侧辅助风机一推一拉的排烟方式后，流场的总体均衡得到合理的改善，温度参数和浓度参数的大小均符合人员安全疏散的要求，但在一推一拉的通风方式下，车站内风速偏大，局部区域达到 13 ~ 14 m/s，不利于人员的疏散，而在其中的一个楼梯口（inlet3）的位置，在侧面压风机的作用下，风流产生了回流，不符合地铁火灾安全规程的要求。具体分析结果可见表 5—2。

**表 5—2　第一次通风方案调整数值模拟分析结果**

<table>
<tr><th>方案</th><th>切面位置</th><th>温度</th><th>浓度</th><th>速度</th></tr>
<tr><td rowspan="3">原方案（主风机和辅助风机均开启排烟）</td><td>$Y=99$ 和 $Y=119$</td><td>下风侧偏高</td><td>满足条件</td><td>满足条件</td></tr>
<tr><td>$Y=84$ 和 $Y=134$</td><td>满足条件</td><td>满足条件</td><td>满足条件</td></tr>
<tr><td>inlet1、inlet2、inlet3</td><td>温度偏高</td><td>满足条件</td><td>满足条件</td></tr>
<tr><td rowspan="3">调整方案一（主风机排烟，辅助风机一推一拉）</td><td>$Y=99$ 和 $Y=119$</td><td>满足条件</td><td>满足条件</td><td>风速偏高</td></tr>
<tr><td>$Y=84$ 和 $Y=134$</td><td>满足条件</td><td>满足条件</td><td>风速偏高</td></tr>
<tr><td>inlet1、inlet2、inlet3</td><td>满足条件</td><td>满足条件</td><td>inlet3 风流反向</td></tr>
</table>

(2) 第二次通风方案调整

造成通风方案调整后风速偏大并在 inlet3 中产生回流现象的主要原因在于在两侧辅助风机的作用下产生了较大的负压，为了合理调整空气中速度场的分布，并保证温度、浓度参数满足人员安全疏散的条件，需再次对通风模式进行调整。

在第二次通风方案调整中，仍然采用站台主风机排风，关闭一侧辅助风机，开启另一侧辅助风机的通风模式，调整区间辅助风机的工况点，利用辅助风机全压功率的 40% 工作，采用计算机数值模拟通风方式的效果，第二次调整后的通风方式如图 5—44 所示，outlet 表示风机开启，inlet 表示楼梯口压力自由面。

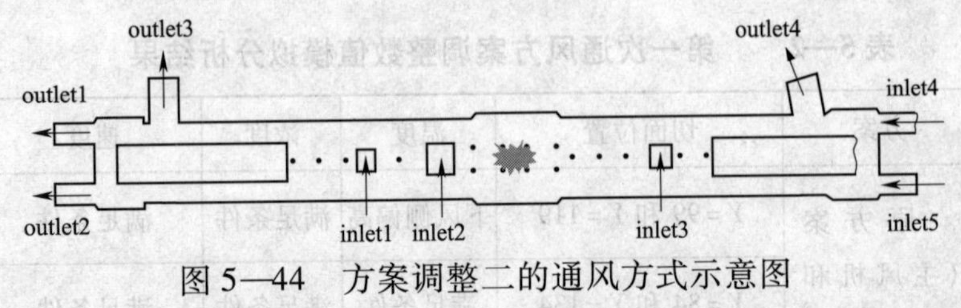


图 5—44　方案调整二的通风方式示意图

1) $Z=3.1$ m 切面的温度与速度趋势图（见图 5—45）

2) $X=9.1$ m 切面流场参数分析

由图 5—46、图 5—47 可以看出，关闭一侧的辅助风机并降低另外一侧辅助风机利用率后，火源上下风侧的速度明显降低，平均风速在 $-7$ m/s 左右，因为风速的降低而使温度和浓度有一定的上升，在距离火源下风侧 10 m 的位置温度达到 370 K 左右，烟气浓度仍然在可以接受的范围内。

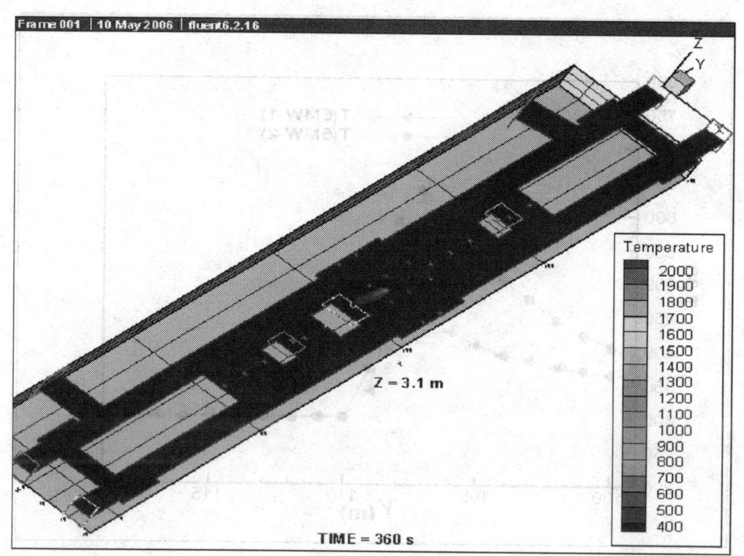


a）温度趋势图

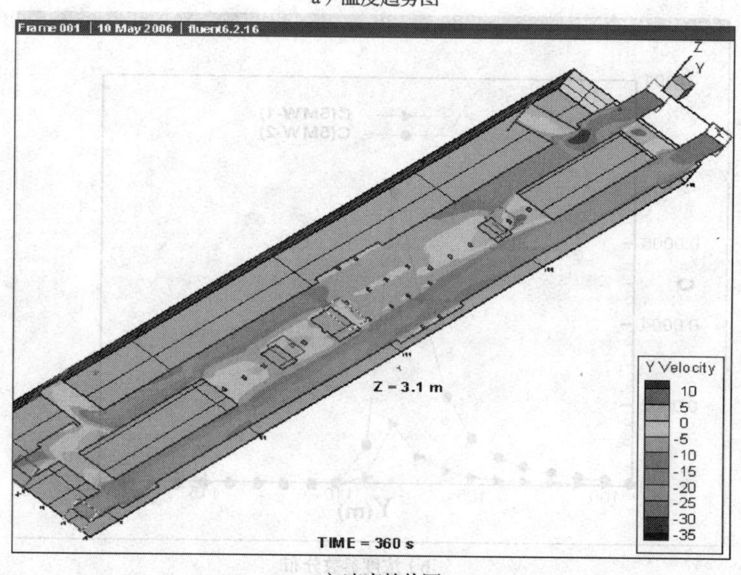


b）速度趋势图

图 5—45　$Z=3.1$ m 切面的温度与速度趋势图

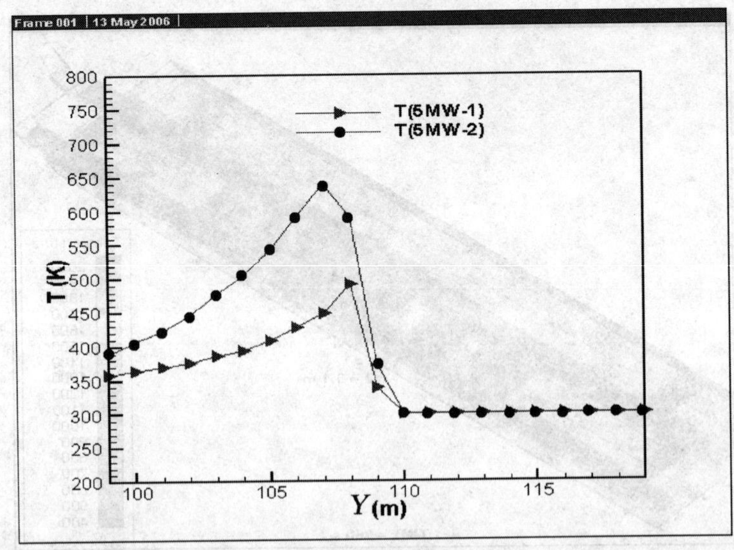


a）温度参数分布

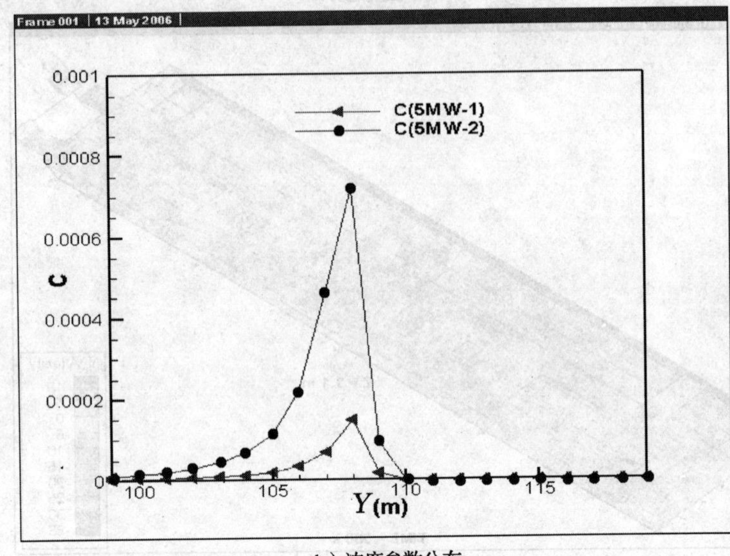


b）浓度参数分布

图 5—46　$X=9.1$ m 切面的温度与浓度参数分布

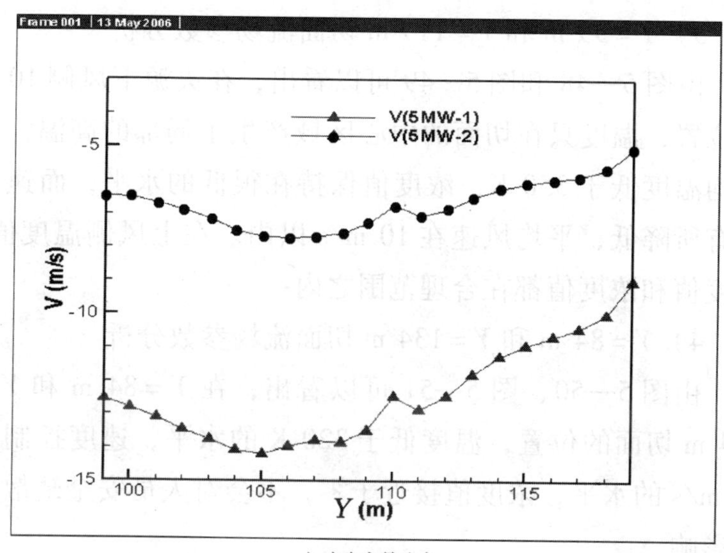


a）速度参数分布

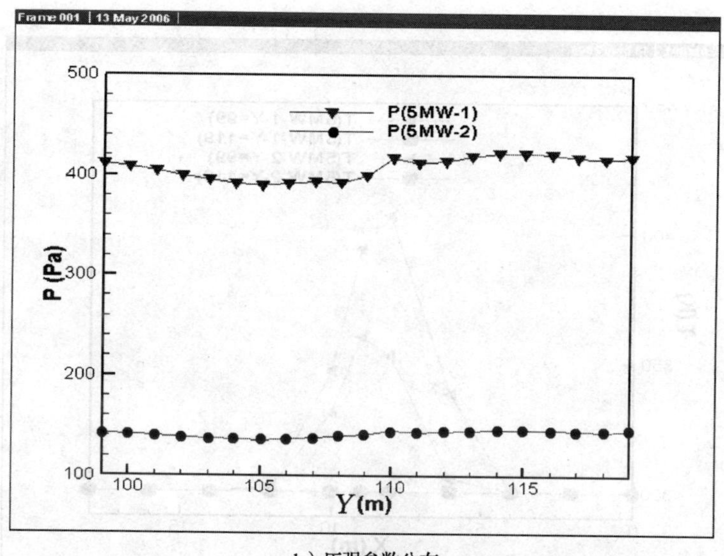


b）压强参数分布

图 5—47　$X=9.1$ m 切面的速度与压强参数分布

3）$Y=99$ m 和 $Y=119$ m 切面流场参数分析

由图 5—48 和图 5—49 可以看出，在火源下风侧 10 m 的位置，温度只在切面的中心区域产生了局部的高温，而平均温度低于 350 K，浓度值保持在很低的水平，而速度值有所降低，平均风速在 10 m/s 以内。在上风侧温度值、速度值和浓度值都在合理范围之内。

4）$Y=84$ m 和 $Y=134$ m 切面流场参数分析

由图 5—50、图 5—51 可以看出，在 $Y=84$ m 和 $Y=134$ m 切面的位置，温度低于 320 K 的水平，速度控制在 10 m/s 的水平，浓度值接近于零，不会对人员安全疏散产生影响。

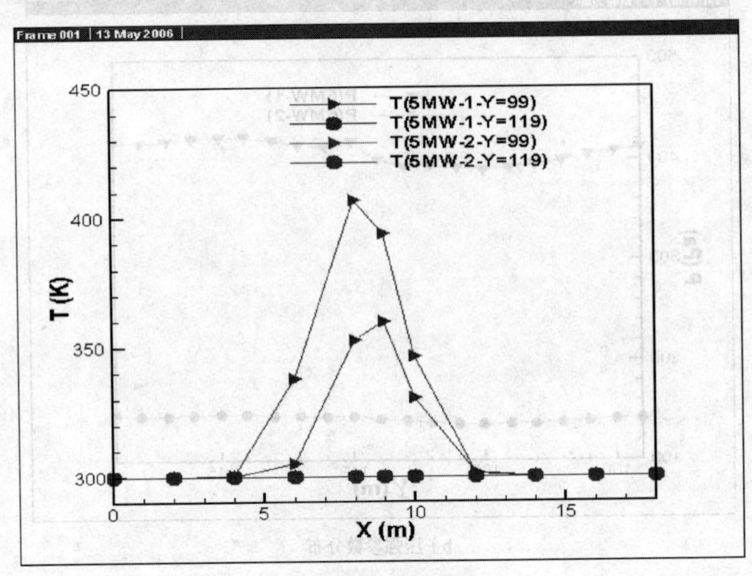


a）温度参数分布

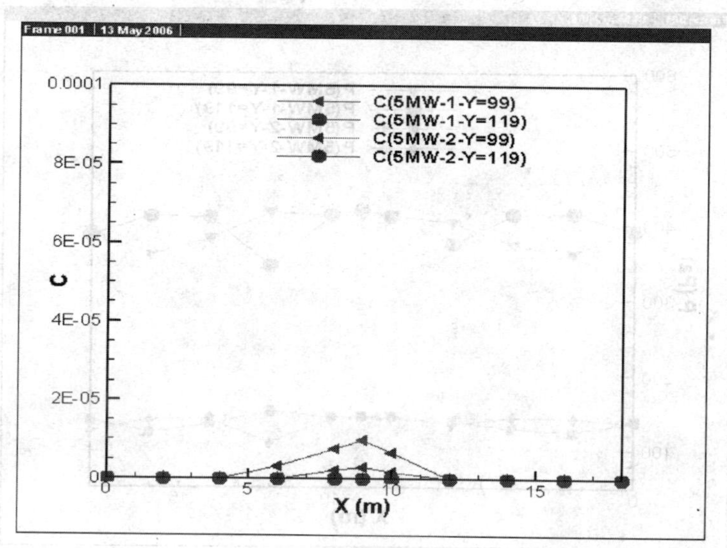


b）浓度参数分布

图 5—48 $Y=99$ m 和 $Y=119$ m 切面的温度与浓度参数分布

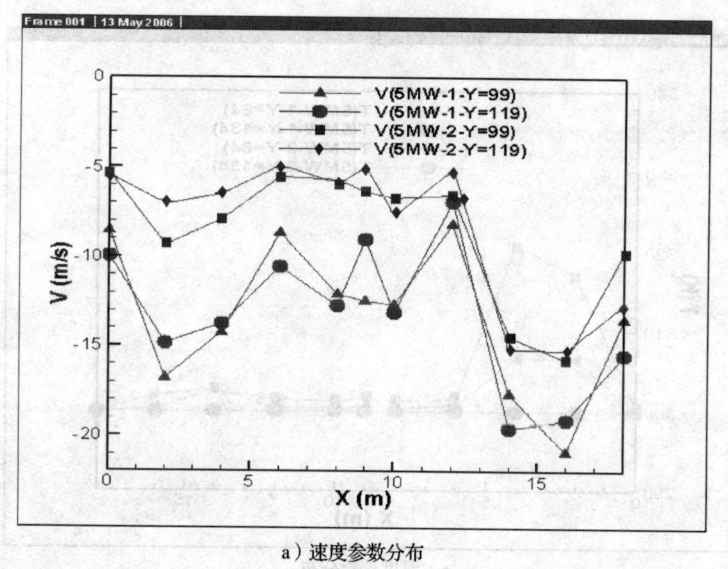


a）速度参数分布

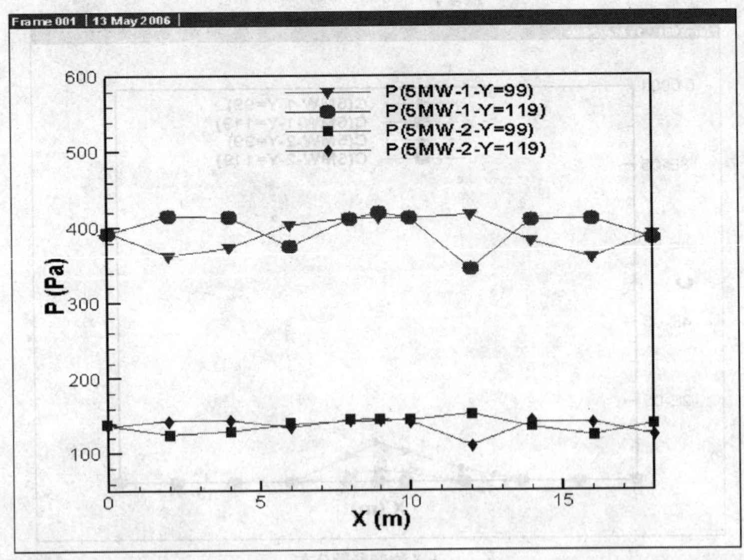


b）压强参数分布

图 5—49　$Y=99$ m 和 $Y=119$ m 切面的速度与压强参数分布

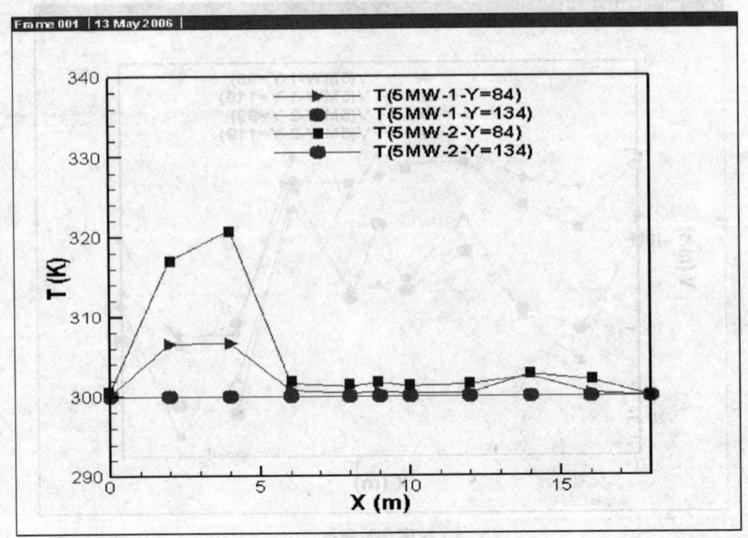


a）温度参数分布

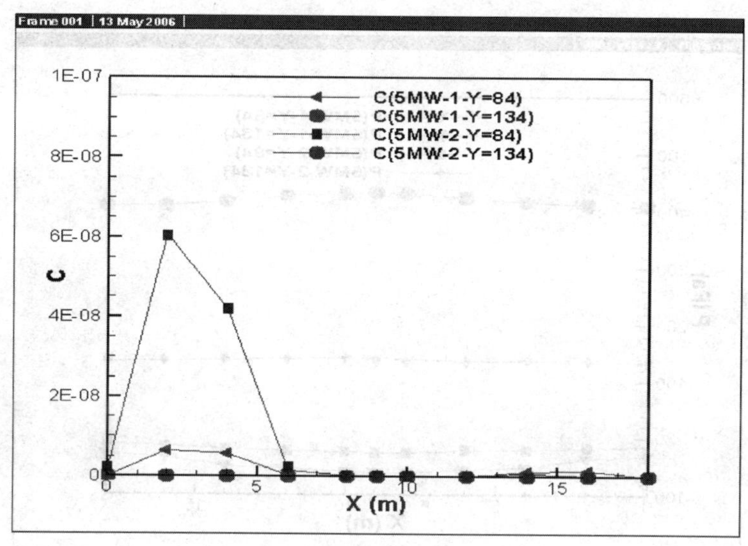


b）浓度参数分布

图 5—50　$Y=84$ m 和 $Y=134$ m 切面的温度与浓度参数分布

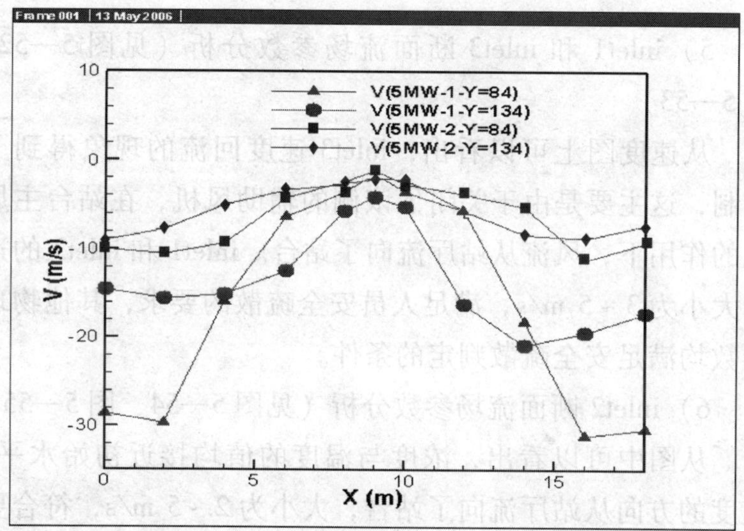


a）速度参数分布

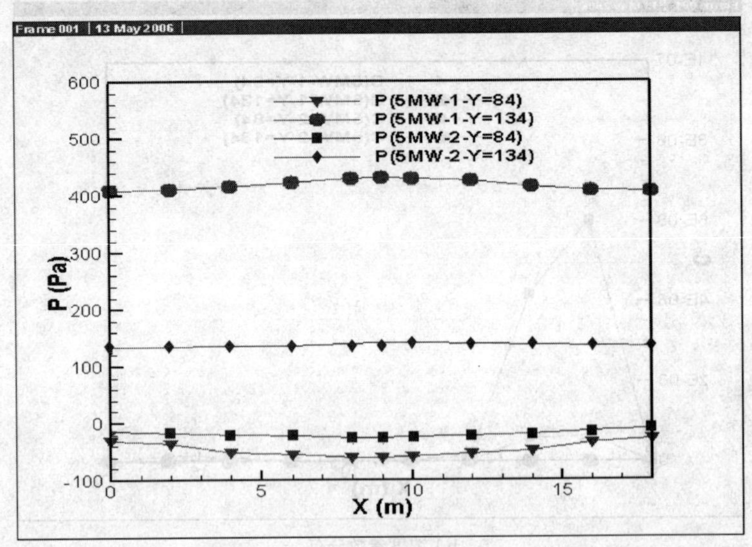


b）压强参数分布

图 5—51　$Y=84$ m 和 $Y=134$ m 切面的速度与压强参数分布

5）inlet1 和 inlet3 断面流场参数分析（见图 5—52、图 5—53）

从速度图上可以看出，inlet3 速度回流的现象得到了控制，这主要是由于关闭了该侧的辅助风机，在站台主风机的作用下，风流从站厅流向了站台。inlet1 和 inlet3 的速度大小为 3 ~ 5 m/s，满足人员安全疏散的要求，其他物理参数均满足安全疏散判定的条件。

6）inlet2 断面流场参数分析（见图 5—54、图 5—55）

从图中可以看出，浓度与温度的值均接近初始水平，速度的方向从站厅流向了站台，大小为 2 ~ 5 m/s，符合要求，流体参数均满足人员安全疏散判定条件。

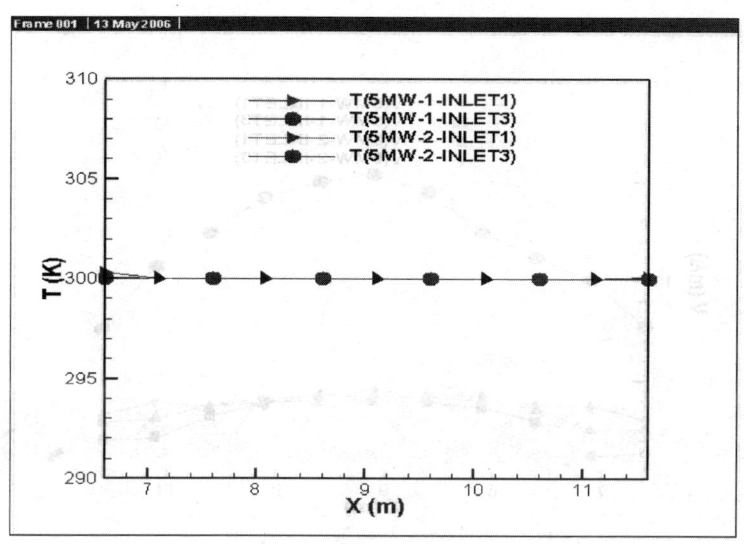


a）温度参数分布

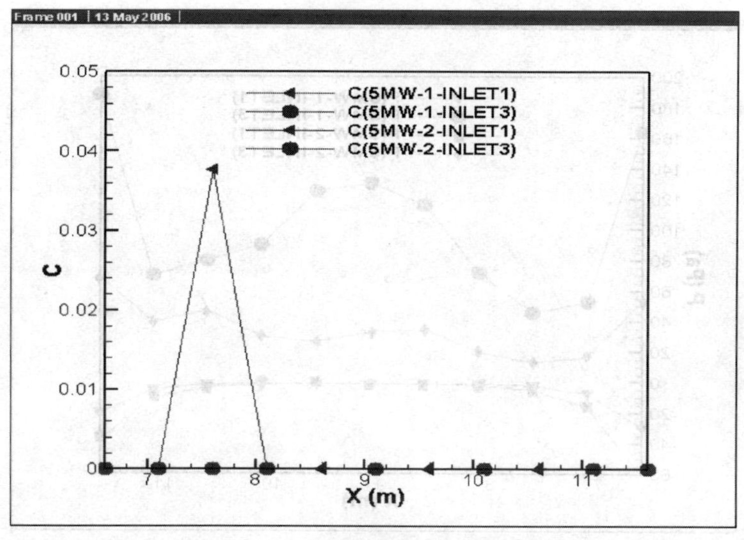


b）浓度参数分布

图 5—52　inlet1 和 inlet3 断面的温度与浓度参数分布

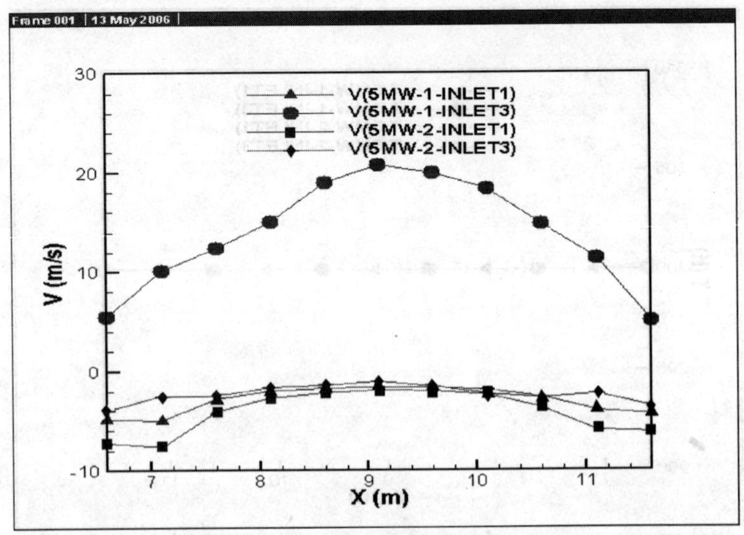


a）速度参数分布

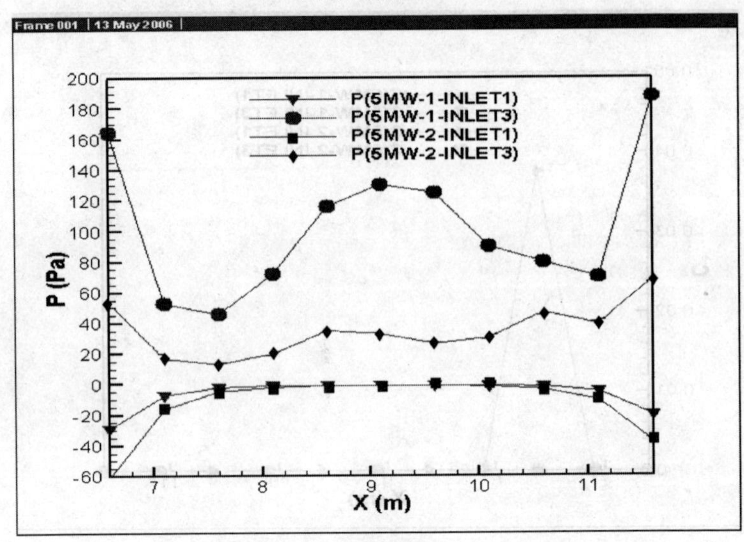


b）压强参数分布

图 5—53　inlet1 和 inlet3 断面的速度与压强参数分布

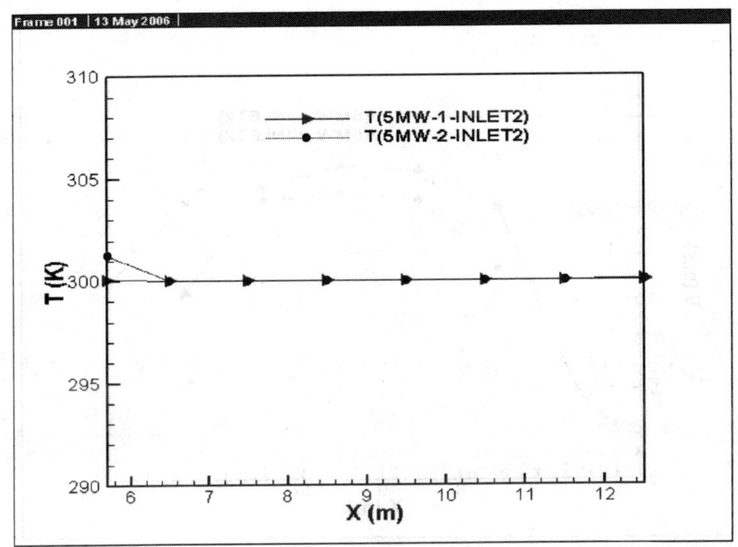


a）温度参数分布

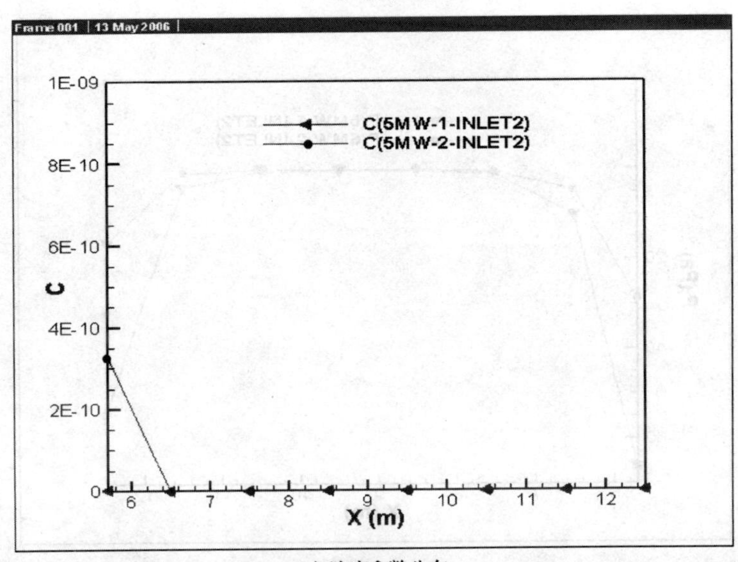


b）浓度参数分布

图 5—54　inlet2 断面的温度与浓度参数分布

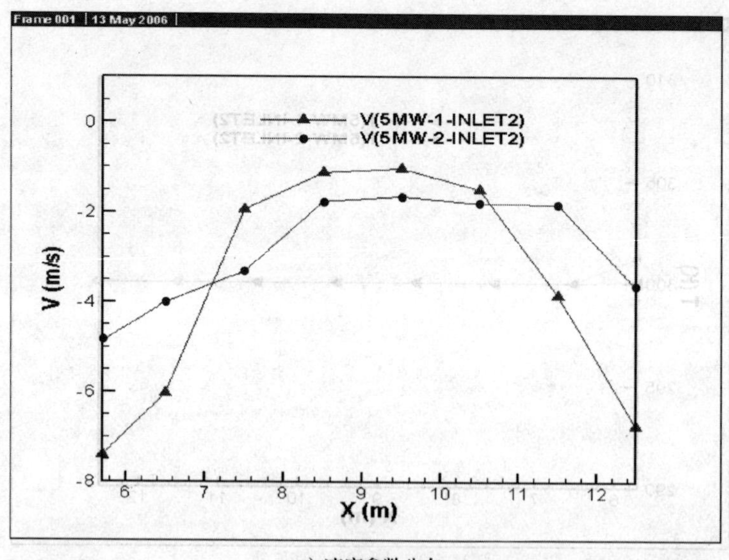


a）速度参数分布

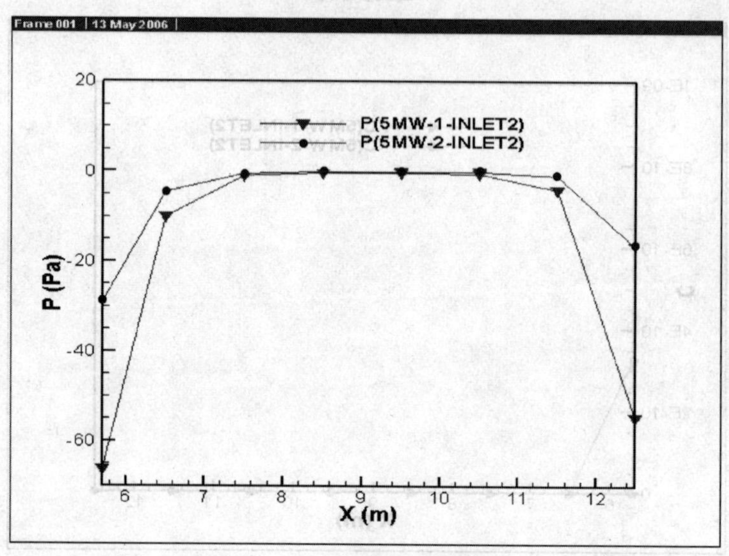


b）压强参数分布

图 5—55 inlet2 断面的速度与压强参数分布

7）第二次方案调整分析小结

通过对第二次方案调整后的计算机数值模拟结果的分析可知，在停开一侧区间辅助风机，另外一端辅助风机使用风机全压40%进行排烟的通风模式下，站台整体流场的速度得到进一步的平衡，并且可以把距离火源位置 10 m 的风流温度控制在350 K 内，不会对人员疏散造成不利影响。楼梯口的风速方向从站厅流向站台，整体大小在2 m/s 以上。

关键位置流场参数对人员安全疏散判定条件的满足情况可见表 5—3。

**表 5—3　　第二次通风方案调整数值模拟分析结果**

<table>
<tr><th>方案</th><th>切面位置</th><th>温度</th><th>浓度</th><th>速度</th></tr>
<tr><td rowspan="3">第一次方案调整（主风机排烟，辅助风机一推一拉）</td><td>$Y=99$ 和 $Y=119$</td><td>满足条件</td><td>满足条件</td><td>风速偏高</td></tr>
<tr><td>$Y=84$ 和 $Y=134$</td><td>满足条件</td><td>满足条件</td><td>风速偏高</td></tr>
<tr><td>inlet1、inlet2、inlet3</td><td>满足条件</td><td>满足条件</td><td>inlet3 风流反向</td></tr>
<tr><td rowspan="3">第二次方案调整［主风机排烟，辅助风机一停一排（200 Pa）］</td><td>$Y=99$ 和 $Y=119$</td><td>满足条件</td><td>满足条件</td><td>满足条件</td></tr>
<tr><td>$Y=84$ 和 $Y=134$</td><td>满足条件</td><td>满足条件</td><td>满足条件</td></tr>
<tr><td>inlet1、inlet2、inlet3</td><td>满足条件</td><td>满足条件</td><td>满足条件</td></tr>
</table>

综上分析，在站台中心区域发生火灾，火源功率为 5 MW的情况下，这种通风模式可以保证人员的安全疏散判定条件。

## 四、站台列车火灾数值模拟

列车发生火灾大致可以分为列车头部着火、列车中部着火和列车尾部着火三种情况，由于实例研究的是站台区域的火灾数值模拟，假设列车一旦着火会迅速停靠在最近的站台，假设列车着火的位置为列车端部，对于列车中部火灾情况，可以参考站台中心区域火灾数值模拟的分析方法。

列车着火的火源功率与车体情况和站台环境有很大的关系，国外相关实体实验表明，普通地铁列车着火的火源功率为 10 ~ 20 MW，由于材料技术的不断进步，现代列车大量使用阻燃材料，其热释放速率不断降低，在模拟分析中把火源功率设定为固定的 15 MW。

列车端部发生火灾并停靠站台时，火灾位置处于站台一侧，此时的通风方案设定为火灾一侧的辅助风机和主风机开启为站台通风排烟，其中辅助风机提供全压功率的 40%，为了控制站台的风速大小，关闭另一侧的辅助风机，火源位置和通风模式如图 5—56 所示。

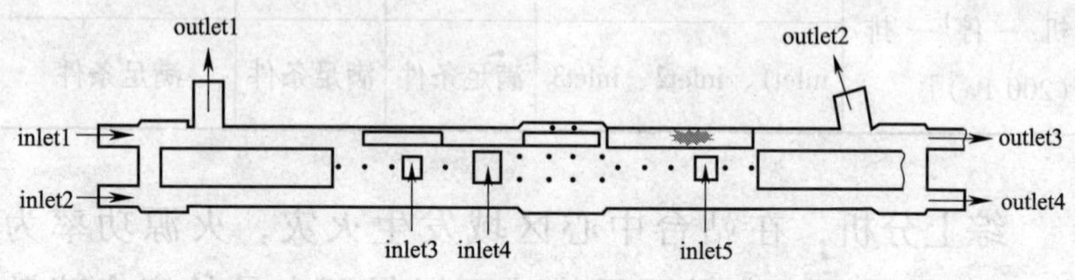


图 5—56 地铁列车火灾通风模式示意图

如图 5—56 所示，右侧辅助风机以全压功率的 40% 进行排烟，站台主风机全压开启，另外一侧区间辅助风机关闭，火源的下风侧是隧道和排烟通道，对人员的安全疏散不会造成威胁，利用建立的标准二方程湍流模型进行数值模拟，对模拟结果的分析如下。

(1) $Z=3.1$ m 切面的流场温度与速度趋势图（见图 5—57）

由温度趋势图可以看出，在 $Z=3.1$ m 的切面上，高温区域主要分布在火源附近和火源的下风侧，上风侧的温度基本在 300 K 左右，而速度趋势图显示，在主站台区域，风速大小基本在 10 m/s 之内，分布比较均衡，较高的风速出现在火源下风侧的排烟通道内。

(2) $X=9.1$ m 切面流场参数分析（见图 5—58、图 5—59）

$X=9.1$ m 切面经过火源位置（$Y=137$ m 至 $Y=157$ m），包括火源上下风侧 10 m 距离，由图可以看出，在火源位置温度很高，离开火源之后迅速降低，上风侧的温度很快达到初始状态的 300 K 左右，下风侧温度偏高，但处于排烟通道的位置，不会对人员安全疏散造成影响。速度参数在火源上风侧比较均衡，其值稳定在 3 m/s 左右，浓度参数只在火源区域较高。

(3) $Y=127$ m 切面流场参数分析（见图 5—60、图 5—61）

从距离火源 10 m 处（上风侧）的切面参数分布图上可以看出，该处的温度和浓度值都接近初始状态，即温度值约 300 K，浓度值接近 0，速度为 26 m/s，满足人员疏散的要求。

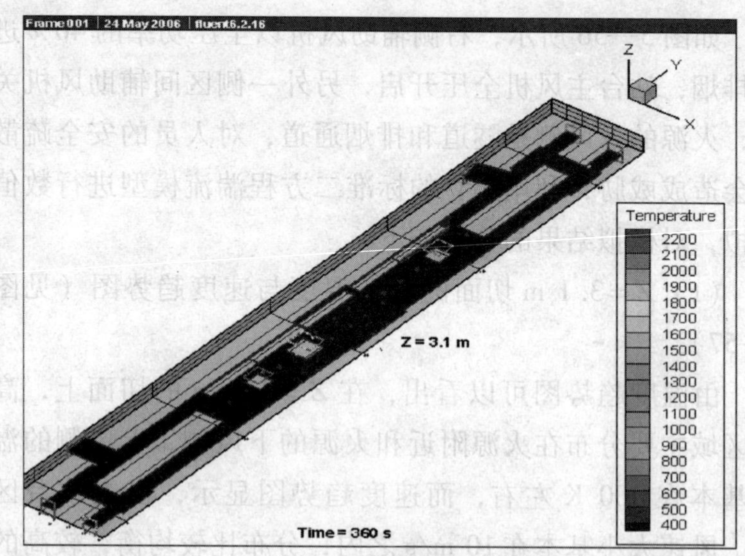


a）温度趋势图

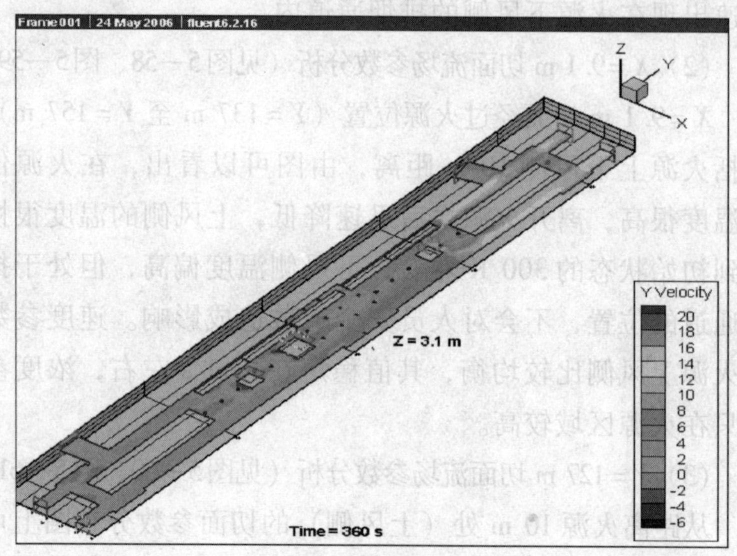


b）速度趋势图

图 5—57　$Z=3.1$ m 切面的流场温度与速度趋势图

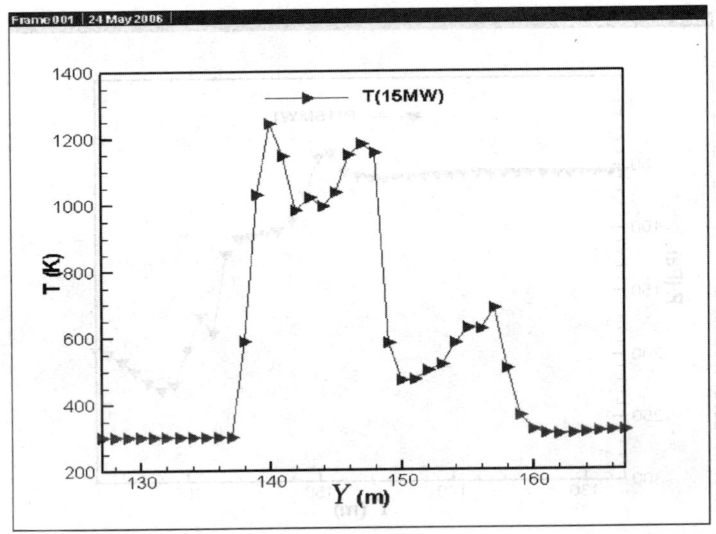


a）温度参数分布

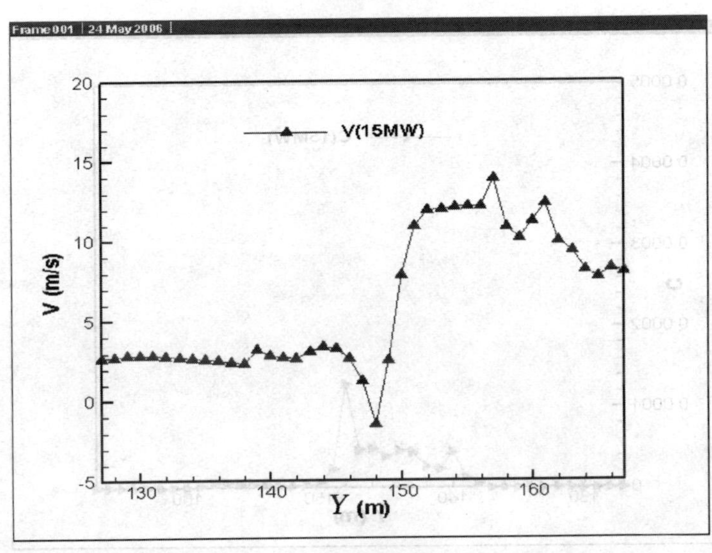


b）速度参数分布

图 5—58　$X = 9.1$ m 切面温度、速度参数分布

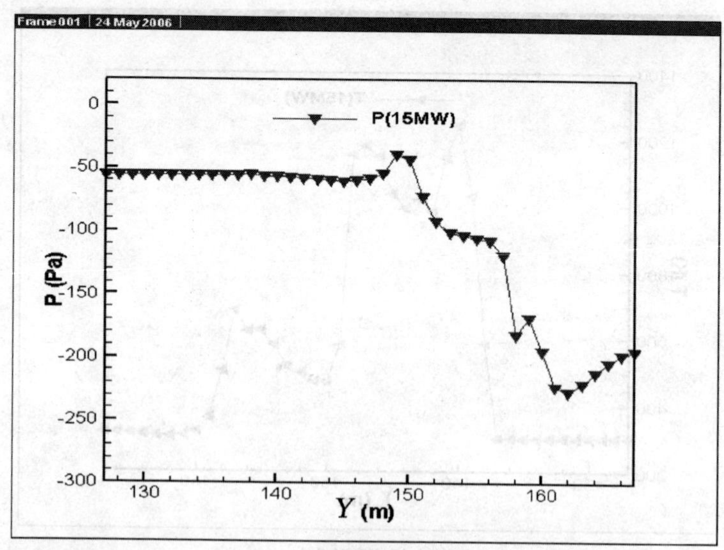


a）压强参数分布

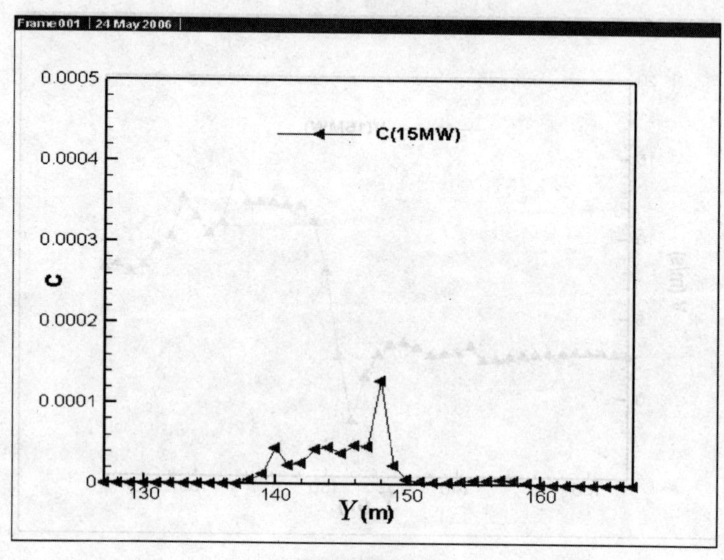


b）浓度参数分布

图 5—59　$X=9.1$ m 切面压强、浓度参数分布

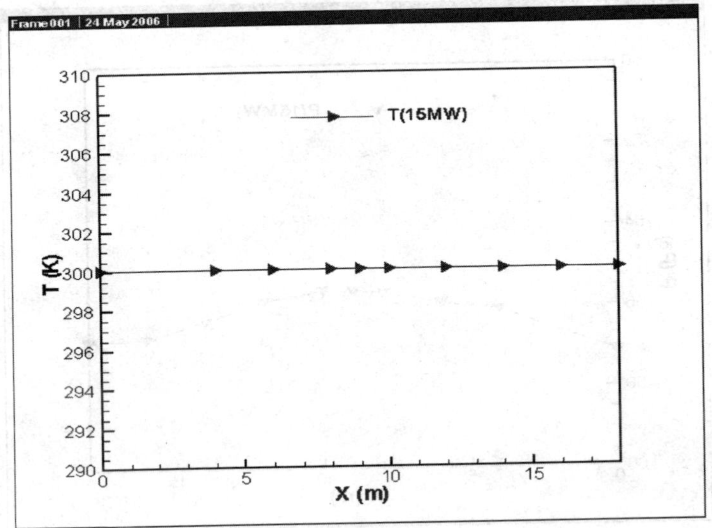


a）温度参数分布

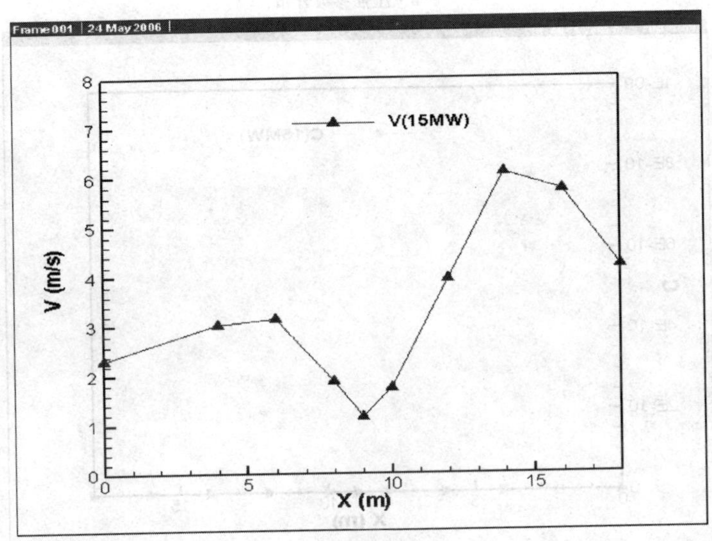


b）速度参数分布

图 5—60　$Y = 127$ m 切面温度、速度参数分布

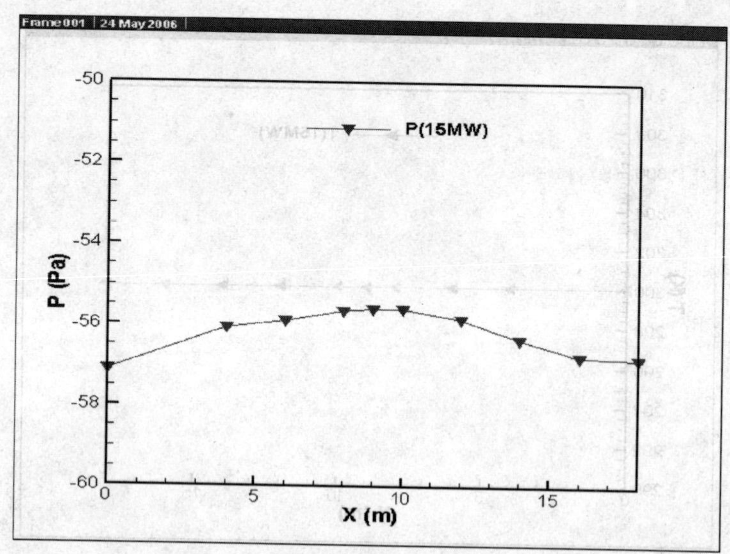


a）压强参数分布

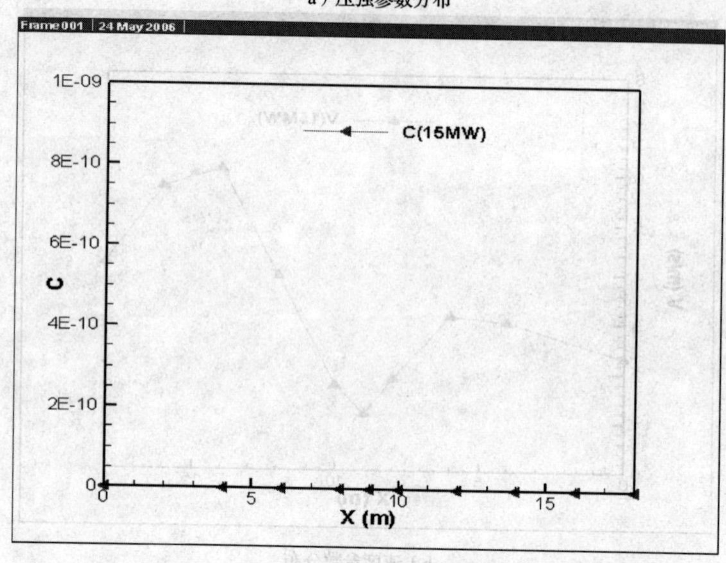


b）浓度参数分布

图 5—61　$Y = 127$ m 切面压强、浓度参数分布

（4）inlet1、inlet2、inlet3 切面流场参数分析（见图 5—62）

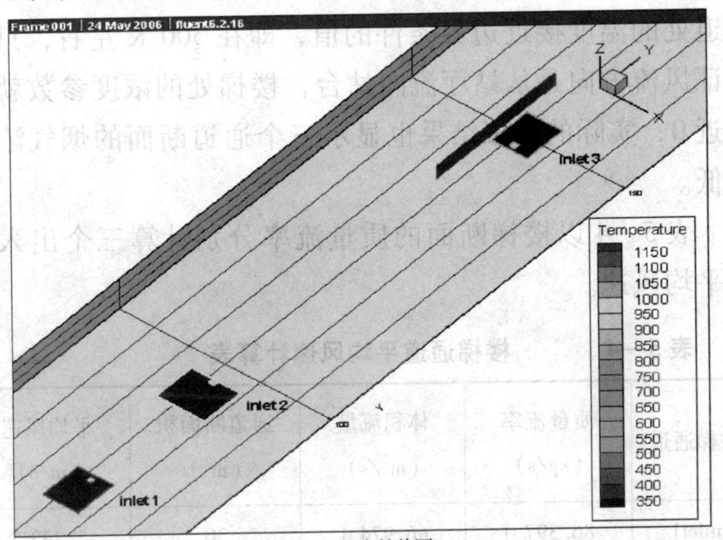


a）温度趋势图

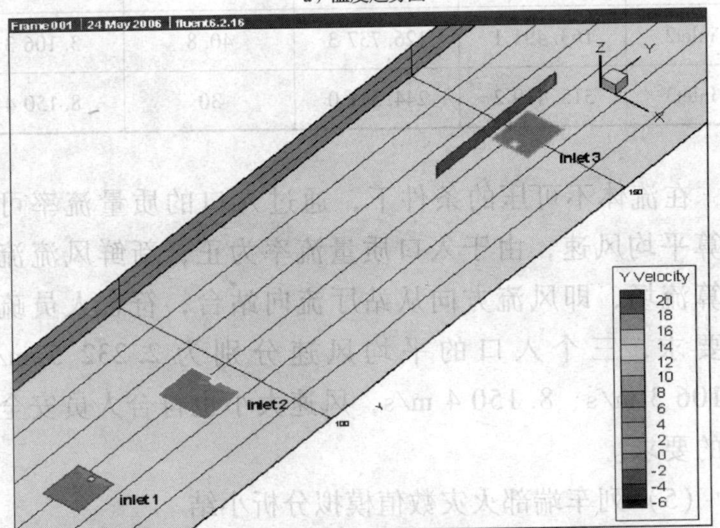


b）速度趋势图

图 5—62　inlet1、inlet2、inlet3 切面温度、速度趋势图

从楼梯通道断面的温度、速度趋势图可以看出，楼梯通道处的温度接近边界条件的值，即在300 K左右，只要保证风流方向是从站厅流向站台，楼梯处的浓度参数就会接近0，实际的模拟结果也显示三个通道断面的烟气浓度极低。

表5—4以楼梯断面的质量流率分别计算三个出入口的平均风速。

**表5—4　　楼梯通道平均风速计算表**

| 楼梯通道 | 质量流率（kg/s） | 体积流量（$m^3/s$） | 通道断面积（$m^2$） | 平均风速（m/s） |
|---|---|---|---|---|
| inlet1 | 86.397 0 | 66.974 4 | 30 | 2.232 5 |
| inlet2 | 163.491 1 | 126.737 3 | 40.8 | 3.106 3 |
| inlet3 | 315.419 2 | 244.511 0 | 30 | 8.150 4 |

在流体不可压的条件下，通过入口的质量流率可以计算平均风速，由于入口质量流率为正，新鲜风流流入计算流场，即风流方向从站厅流向站台，符合人员疏散的要求，三个入口的平均风速分别为2.232 5 m/s、3.106 3 m/s、8.150 4 m/s，风速大小也符合人员安全疏散的要求。

（5）列车端部火灾数值模拟分析小结

在设定的条件下，主站台区域的流场参数分布满足人员安全疏散的要求，由于火源下风侧是排烟通道，不考虑其流场参数对人员安全疏散的影响，具体的数值模拟结果对安全疏散条件的满足情况见表 5—5。

**表 5—5　列车端部火灾数值模拟结果对安全疏散条件满足情况**

| 火源描述 | 判定条件 | 位置 | 判定条件满足度 | 判定依据 |
|---|---|---|---|---|
| 列车端部着火，火源功率 15 MW，火源一侧辅助风机和站台主风机开启 | 温度 | 距离火源 10 m 处 | 满足条件 | 距离火源 10 ~ 15 m 的距离和人员疏散必经通道不得有超出人承受能力的高温 |
| | | 人员疏散通道处 | | |
| | 浓度 | 距离火源 10 m 处 | 满足条件 | 距离火源 10 ~ 15 m 的距离和人员疏散必经通道没有超出设计标准的烟气浓度 |
| | | 人员疏散通道处 | | |
| | 速度 | 距离火源 10 m 处 | 满足条件 | 出口处风向由站厅至站台，风速大于 2 m/s，风速大小不能超过人的承受能力 |
| | | 人员疏散通道处 | | |

当列车端部发生火灾时，由于火源点位于站台的一侧，靠近排烟通道，此时开启该侧的区间辅助风机和站台主风机，可以很好地完成通风排烟，但这是在火源功

率固定的前提下。实际火灾发生时如果不能及时采取有效的应急预案，火势会进一步的蔓延，如果引起全部列车和站台其他可燃材料起火，就很难采取有效的通风方案控制火势。

# 参 考 文 献

[1] 朱慧军. 城市地铁火灾的特点、事故分析及预防措施［J］. 安防科技，2011（3）：37－40.

[2] 张新军，赵小琴. 世界城市地铁与轻轨最新动态2000－2001［M］. 北京：中国铁道出版社，2001.

[3] 杨英霞，陈超，许磊，康国青. 全高安全门地铁车站火灾时烟气流动特性的模型实验［J］. 天津大学学报，2010，43（12）：1060－1066.

[4] 马沂文. 我国地铁发展概况. 电力机车与城轨车辆，2003，000（001）：52.

[5] 纪杰. 地铁站火灾烟气流动及通风控制模式研究［D］. 合肥：中国科学技术大学，2008.

[6] 赵相相，周孝清，张燕，郑志敏. 地铁隧道火灾烟气特性与临界风速的数值模拟分析［J］. 暖通空调，2005，35（12）：68－74.

[7] 范维澄，王清安，霍然等编著. 火灾科学导论［M］. 合肥：中国科学技术大学出版社，1992.

[8] 那艳玲. 地铁车站通风与火灾的CFD仿真模拟

与实验研究［D］. 天津：天津大学，2003.

［9］蔡波，李辉亮，廖光煊. 地铁火灾中强制通风烟控系统作用的模拟［J］. 中国工程科学，2005，7（8）：80－83.

［10］王以娟. 地铁车站形式对空调通风工程造价的影响［J］. 铁路工程造价管理，2004（1）：20－22.

［11］张庆贺. 地铁与轻轨［M］. 北京：人民交通出版社，2001.

［12］刘立争，毛军. 地铁区间隧道火灾排烟通风模式分析［J］. 工程建设与设计，2005（11）：5－7.

［13］徐晓楠，焦爱红. 火灾中烟毒及抑制技术分析研究［J］. 消防科学与技术，2005（4）：3－7.

［14］霍然，李元洲，余明高，尤飞. 大空间建筑火灾机械排烟的初步研究［J］. 消防科学与技术，2001，20（4）：3－6.

［15］周心权，吴兵. 矿井火灾救灾与实践. 北京：煤炭工业出版社，1996.

［16］冯炼，刘应清. 地铁通风网络的数值分析［J］. 中国铁道科学，2002，23（1），132－135.

［17］李亮，李晓锋，朱颖心. 地铁隧道火灾自然排烟模式数值模拟研究［J］. 暖通空调，2005，35（12）：6－9.

［18］林琳. 地铁站台火灾烟气流动模拟及排烟研究［D］. 大连：大连交通大学，2010.